RAL·NEU 研究报告　No. 0021

热轧板带钢新一代 TMCP 工艺与装备技术开发及应用

轧制技术及连轧自动化国家重点实验室
（东北大学）

U0315736

北　京
冶　金　工　业　出　版　社
2015

内 容 简 介

本书基于国家"十二五"支撑计划"钢铁行业绿色制造关键技术集成应用示范"项目（项目编号：2012BAF04B00）课题"热轧板带钢新一代TMCP装备及工艺技术开发与应用"（课题编号：2012BAF04B01），依托首钢迁钢2160mm热连轧超快速冷却系统开发与研究项目，以及课题组承担的包钢CSP生产线后置超快速冷却系统开发与研究等项目，介绍了以超快速冷却为核心的新一代控轧控冷（NG-TMCP）工艺原理、超快速冷却技术的最新研究进展及其在热轧板带钢生产中的工业应用。本书涵盖了热轧板带钢新一代TMCP技术工艺原理、成套装备与关键技术、自动化控制系统、产品工艺技术以及典型产品工业化应用实践等内容。

本书可供从事材料加工工程专业与热轧钢铁材料品种开发等领域的科研人员及工程技术人员学习与参考。

图书在版编目（CIP）数据

热轧板带钢新一代TMCP工艺与装备技术开发及应用/轧制技术及连轧自动化国家重点实验室（东北大学）著. —北京：冶金工业出版社，2015.12

（RAL·NEU研究报告）

ISBN 978-7-5024-7109-5

Ⅰ.① 热… Ⅱ.① 轧… Ⅲ.① 带钢—热轧—生产工艺—研究 Ⅳ.① TG335.5

中国版本图书馆CIP数据核字（2015）第311775号

出 版 人　谭学余
地　　址　北京市东城区嵩祝院北巷39号　邮编　100009　电话　（010）64027926
网　　址　www.cnmip.com.cn　电子信箱　yjcbs@cnmip.com.cn
策　　划　任静波　责任编辑　卢 敏　夏小雪　美术编辑　彭子赫
版式设计　孙跃红　责任校对　卿文春　责任印制　牛晓波
ISBN 978-7-5024-7109-5
冶金工业出版社出版发行；各地新华书店经销；三河市双峰印刷装订有限公司印刷
2015年12月第1版，2015年12月第1次印刷
169mm×239mm；7印张；109千字；91页
47.00元
冶金工业出版社　投稿电话　（010）64027932　投稿信箱　tougao@cnmip.com.cn
冶金工业出版社营销中心　电话　（010）64044283　传真　（010）64027893
冶金书店　地址　北京市东四西大街46号（100010）　电话　（010）65289081（兼传真）
冶金工业出版社天猫旗舰店　yjgycbs.tmall.com
（本书如有印装质量问题，本社营销中心负责退换）

研究项目概述

1. 研究项目背景与立题依据

21 世纪以来，人类与环境的关系日益受到广泛的关注和重视，建设资源、能源与环境相互协调的新型工业化已经成为我国钢铁工业当今发展的主题，也是支撑国民经济可持续发展的必由之路。"十二五"期间，"节能减排"和"绿色制造"成为我国钢铁行业发展的主旋律。"绿色制造，制造绿色"已经成为我国钢铁工业转型发展过程中最迫切的需求和任务。

轧制工艺技术作为钢铁生产工艺流程的重要环节，在产品的形状尺寸精度控制和组织性能调控方面都起到至关重要的作用。尤其是控轧控冷作为热轧领域组织调控的核心工艺技术，通过细晶强化、析出强化、相变强化等强化手段的综合作用机制，可进一步挖掘热轧工艺的潜力，采用节约型的合金成分设计和减量化的生产制造方法，开发出具有良好力学性能、使用性能的高品质板带钢产品。这对于实现热轧钢材生产的节能降耗，提升后续产品使用性能，推动热轧产品绿色化生产具有重大意义。

以开发钢铁材料绿色制造技术为核心的热轧钢材新一代 TMCP 装备及工艺技术，通过节约型成分设计、减量化工艺生产，减少热轧板带钢产品对合金元素的过度依赖和资源的过度消耗，可实现热轧板带钢产品的降本增效、提质增效开发生产。东北大学轧制技术及连轧自动化国家重点实验室（简称"东北大学 RAL"）作为国内基于超快速冷却为核心的新一代 TMCP 工艺技术的提出者、倡导者，以及科研实践的先行者，自 2004 年起历经 10 余年研发，从热轧板带钢超快速冷却技术工艺应用及工程化需求出发，开发出成熟完善的热轧板带钢超快速冷却技术、成套装备及产品工艺技术。该项技术目前应用于涟钢、首钢迁钢、包钢、首钢京唐、鞍钢、沙钢、山钢日照精品基地等钢铁企业，实现了我国热轧板带钢领域自主特色的超快速冷却技术的成功突破和推广应用。

以超快速冷却为核心的新一代 TMCP 技术在热轧板带钢、中厚板、棒线材等领域成功得到了快速推广应用，获得了政府、行业及企业的广泛认同与支持。国家工信部、发改委、科技部相继将新一代控轧控冷技术列为《产业关键共性技术发展指南（2011 年）》原材料工业钢铁领域五项关键共性技术之一；《钢铁行业"十二五"发展规划》重点领域和任务以及新工艺、新装备、新技术创新和工艺技术改造的重点内容；《"十二五"产业技术创新规划》促进钢铁行业可持续发展予以大力推广的应用技术；《2013 年产业振兴和技术改造专项重点专题》冶金工业关键产品、工艺开发应用及升级改造的重点工艺技术。同时，该项技术相继列为发改委"钢铁、有色、石化行业低碳技术创新及产业化示范工程"以及科技部"十二五"科技支撑计划"钢铁行业绿色制造关键技术集成应用示范项目"立项实施。2011 年，由东北大学联合国内钢铁企业、科研院所联合申报的"热轧板带钢新一代 TMCP 装备及工艺技术开发与应用"项目被列入国家科技部"十二五"科技支撑计划项目"钢铁行业绿色制造关键技术集成应用示范"，标志着 RAL 提出及开发的热轧板带钢新一代 TMCP 装备及工艺技术获得政府高度认可。

现场实践及工业化应用表明，由东北大学 RAL 学术带头人王国栋院士提出和倡导的基于超快速冷却的新一代 TMCP 工艺技术，在开发成分节约型的低成本高性能热轧板带钢新工艺、新产品方面成效显著。目前，基于以超快速冷却为核心的新一代 TMCP 工艺理念开发低成本高性能钢铁材料，已成为国内热轧板带钢企业的广泛共识。

2. 研究进展与成果

（1）新一代 TMCP 关键技术研究进展及创新点。随着新一代 TMCP 组织调控原理研究的深入及新一代 TMCP 技术的提出，东北大学 RAL 采用倾斜喷射冷却方式，开发出高强度均匀化冷却技术，实现了热轧板带钢超快速冷却技术在核心机理上的突破。在此基础上，开发出满足热轧板带钢超快速冷却需求的超快速冷却喷嘴结构及喷嘴配置技术、数学模型及自动化控制系统、成套装备技术等系列关键技术，在节约型高性能产品开发应用方面取得了满意的应用效果。

1）新一代 TMCP 组织调控原理及超快速冷却机理研究进展。超快速冷却技术在热轧板带钢产品组织调控及性能控制方面的作用机理研究主要进展为：

① 采用超快速冷却，通过适当的减量化成分设计以及热轧过程与超快速冷却工艺的合理匹配，可获得细化的铁素体、珠光体及贝氏体组织，实现细晶强化。或者在合金成分不变的条件下，可适度提高终轧温度，减轻对轧制过程"低温大压下"的过度依赖。

② 热轧后的超快速冷却，可抑制微合金元素析出相在高温区析出，通过调节终冷温度，并配合适当的等温处理（缓冷），使得更多的微合金元素在铁素体或贝氏体中析出，进而获得大量细小析出相，有效提高微合金元素的析出强化效果。

③ 利用超快速冷却多样的冷却路径控制手段，通过 UFC-F、UFC-B、UFC-M 等工艺控制，实现对铁素体（F）、贝氏体（B）、马氏体（M）、铁素体-贝氏体（F-B）、铁素体-马氏体（F-M）等组织的灵活调控，进而获得显著的组织强化效果。

2）热轧板带钢超快速冷却系统成套装备及控制系统。依托该项目，实现了对热轧板带钢超快速冷却系统成套装备技术的全面升级，主要取得了以下进展：

① 开发出满足大型热轧板带钢超快速冷却系统的具有多种阻尼系数的整体狭缝式高性能射流喷嘴、高密度快冷喷嘴及其配置技术，实现了冷却介质流量的合理分布以及喷嘴沿轧线方向的合理配置，从而保证了高温板带钢冷却过程中宽向、纵向的冷却均匀性，解决了热轧板带钢高冷速、高冷却均匀性的核心技术难题。

② 开发出大型热轧板带钢超快速冷却成套装备，其中包括超快速冷却保护机构、倾翻设备、冷却介质流量快速设定控制、轧线方向流量分区域控制以及软水封等技术，成功解决了超快速冷却技术的工程应用技术难题，实现了超快速冷却成套装备技术的全面升级，如图 1 所示。由东北大学 RAL 开发的热轧板带钢产线超快冷系统，具有极高的冷却强度，冷却速率可达常规层流冷却的 2～5 倍以上，加密冷却系统的 1.5～2 倍以上，如图 2 所示。

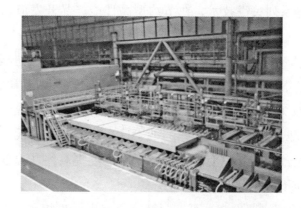

图 1　开发的热轧板带钢超快速冷却装备

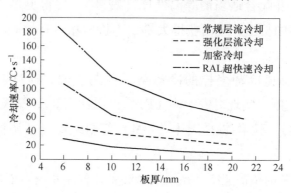

图 2　超快冷系统与其他冷却系统冷却速率对比

③ 开发出基于超快速冷却工艺、面向升速轧制的新一代轧后冷却控制系统，实现了超快速冷却与原有层流冷却设备、工艺以及板带钢冷却过程中温度控制的无缝衔接；系统解决了新型轧后冷却系统应用过程中的工艺自动化控制等问题。尤其是在轧后冷却控制系统上，新增模型控制系统实现了对超快速冷却出口温度的精确控制，进而实现了超快速冷却与原有层流冷却设备、工艺以及板带钢整个冷却历程的温度全面控制，为提高产品生产过程的组织性能稳定性提供了有力支撑。新增超快速冷却自动化控制系统温度控制效果，如图 3 所示。

3）热轧板带钢低成本减量化产品组织调控理论及工艺技术。系统研究了热轧板带钢产品基于超快速冷却为核心的新一代 TMCP 技术开发使用过程中的关键工艺和组织调控原理，综合利用细晶强化、析出强化以及相变强化等

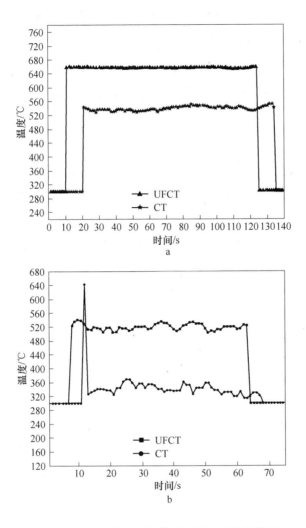

图3　超快速冷却自动化控制系统温度控制效果

a—3.95mm 规格 Q345B 钢；b—18.4mm 规格 X80 管线钢

机制，开发出满足工业化大批量连续稳定生产的"资源节约型、工艺节能减排型" UFC-F、UFC-B、后置 UFC-DP 类等热轧板带钢轧后冷却工艺技术。该技术应用于普碳低合金钢、高钢级管线钢、双相类等典型带钢产品的大批量工业化生产，在降本增效、提质增效等方面体现出重要作用。

　　基于前段式超快冷工艺，在保持或提高钢板材料塑韧性和使用性能的前提下，普碳低合金钢 Mn 含量节约 20% ~ 50%，吨钢成本降低 20 ~ 80 元；典型规格高级别管线钢节约贵重合金 Mo、Ni、Cu 等 30% 以上，吨钢成本降低 150～300 元，降本增效显著。同时，应用超快冷技术，在提高厚规格管线钢低温冲击韧性等方面体现出显著优势，解决了传统层流冷却工况下低温韧性不稳定的突出难题。生产实践表明，超快冷技术在开发厚规格热轧板带管线钢以及特色化的管线钢产品方面体现出巨大的工艺潜力和独特优势。

基于后段式超快冷工艺的组织调控技术，采用 C-Mn 系成分即可生产出 3.0～11.0mm 全厚度系列经济型热轧双相类板带钢产品，为推动我国低成本高性能热轧双相类带钢产品的开发生产做出了重要贡献。同时，基于超快速冷却装备及工艺，在新一代析出强化型热轧双相钢及在线直接淬火配分钢（DQ&P 钢）的开发与工业化生产方面，已体现出良好的工艺潜力，对工业化生产的实现将有望起到重要的推动作用。

（2）技术研发历程及推广应用。2004 年起，东北大学 RAL 历经了试验、中试等超快速冷却技术开发过程，开发了相关的原型试验装置、工业化中试设备以及工业化成套技术装备，形成了涵盖工艺原理、机械装备、自动控制、减量化产品工艺技术在内的系统完整的成套技术、专利和专有技术。

2004 年，东北大学 RAL 已利用自主研发的实验研究平台，开发出实验室超快速冷却原型试验装置，如图 4 所示。同时，针对普通 C-Mn 钢、HSLA 钢等进行了系列热力模拟实验、热轧实验研究，为进一步的工业产线规模的装备技术开发做了充分的技术储备。2004 年年底，依托包钢 CSP 短流程生产

图 4　超快速冷却原型试验装置

线，合作开发出超快速冷却简易实验装置，安装于层流冷却和卷取机之间（见图5），并结合原有层流冷却系统，以 C-Mn 钢为原料，开发生产出 540MPa、590MPa 级的低成本双相钢。

图5　包钢 CSP 短流程线超快速冷却中试装置

2008 年，东北大学 RAL 依托湖南华菱涟源钢铁有限公司产品质量提升技改工程轧钢项目轧后冷却系统工程，合作开发出国内首套 2250mm 热轧板带钢超快速冷却工业化装备，该设备采用前置式布置方式，即安装在精轧机和层流冷却设备之间。2009 年，涟钢 CSP 生产线新增超快速冷却系统，同样采用前置式布置方式。

2012 年，东北大学 RAL 与首钢迁钢合作，开展国家"十二五"科技支撑计划"钢铁行业绿色制造关键技术集成应用示范"项目"热轧板带钢新一代 TMCP 装备及工艺技术开发与应用"课题研究与攻关。依托首钢迁钢 2160mm 热连轧生产线，通过全面升级优化超快速冷却装备关键技术，形成了装备一流、成熟完善的具有自主知识产权和自身特色的热轧板带钢超快速冷却系统——ADCOS-HSM（Advanced Cooling System-Hot Strip Mill），如图 6 所示。

2013 年，东北大学 RAL 与包钢合作，对 CSP 短流程生产线原超快速冷却简易试验装置进行升级改造，全新装备东北大学 RAL 开发的成熟完善的后置式超快速冷却系统，如图 7 所示。该项目旨在提高产品性能，实现经济型热轧双相钢系列产品的大批量连续稳定生产。目前，包钢已开发出产品覆盖

图6 首钢迁钢2160mm热连轧生产线超快速冷却系统

图7 包钢CSP短流程生产线超快速冷却设备及批量化生产产品

3.0～11.0mm厚度规格的540～700MPa级别的热轧F-M双相钢及F-B双相钢，并已成为我国热轧双相钢全系列厚度规格产品的最主要供货商。

2014年，东北大学RAL与首钢京唐签订合同，在京唐2250mm热连轧生产线新增设超快冷系统，并进行节约型高性能热轧板带钢的开发。2015年，东北大学RAL与沙钢合作，将在沙钢1700mm热连轧生产线增设超快冷系统，用于减量化普碳钢及管线钢的开发与生产。同年，东北大学RAL与山钢集团合作，将在山钢集团新建的日照钢铁精品基地2050mm热轧生产线上装备超快速冷却系统，进行低成本高性能管线钢、双相钢等产品品种的开发与生产。

截至目前，已推广应用至涟钢、首钢迁安、包钢、首钢京唐、鞍钢、沙钢、山钢日照精品基地等多家钢铁企业，获得企业及行业的广泛认同和支持。

3. 论文、专利及获奖

论文：

（1）Li Chengning, Yuan Guo, Ji Fengqing, Kang Jian, Devesh Misra, Wang Guodong. Mechanism of microstructural control and mechanical propertiesin hot rolled plain C-Mn steel during controlled cooling[J]. ISIJ International, 2015, 55(8): 1721～1739.

（2）康健，袁国，张贺，王国栋. 低碳 Si-Mn 钢直接淬火-等温配分工艺中组织演变[J]. 东北大学学报（自然科学版），2015, 36(1): 24～28.

（3）Li Zhenlei, Yuan Guo, Han Yi, Wang Xueqiang, Qu Wuguang, Wang GuoDong. Research on radial direction temperature change law of coil and control strategy for ultra-fast cooling[J]. Metallurgical Research and Technology, 2015, DOI: 10. 1051/metal/2015002.

（4）袁国，利成宁，孙丹丹，康健，王国栋. 热轧双相钢的发展现状及高强热轧双相钢的开发[J]. 中国工程科学，2014, 16(2): 39～45.

（5）Jiang Lianyun, Yuan Guo, Li Zhenlei. Research on ultra-fast cooling heat transfer coefficient affecting law for hot strip mill[J]. Material Science Forum, 2014, 788: 346～350.

（6）江连运，袁国，李振垒. 热连轧线超快速冷却泵站与轧线联合控制方法[J]. 冶金自动化，2014, 38(2): 44～47.

（7）江连运，袁国，吴迪. 热轧板带钢轧后高强度冷却过程的换热系数分析[J]. 东北大学学报（自然科学版），2014, 35(5): 676～680.

（8）袁国，康健，张贺，李云杰，胡虹玲，王国栋. Q&P 工艺理念在热轧先进高强度钢中的应用研究[J]. 中国工程科学，2014, 16(1): 59～65.

（9）赵金华，王学强，赵林，唐帅，袁国，邸洪双. 迁钢 2160mm 超快速冷却工艺下 X70 管线钢减量化工艺研究及应用[J]. 河南冶金，2014, 22(3): 18～20.

（10）Li Zhenlei, Li Haijun, Yuan Guo, Wang Guodong, Wang Xueqiang.

Research and application of ultra-fast cooling system and velocity controlled strategy for hot rolled strip[J]. Steel Research International, 2014, 85: 1~11.

（11）李振垒，江连运，袁国，王国栋．热轧板带钢超快速冷却供水系统压力控制技术与应用[J]．东北大学学报（自然科学版），2013，34（9）：1252~1256.

（12）Li Zhenlei, Yuan Guo, Wang Zhaodong, Wang Guodong, Wang Xueqiang, Zhang Xiaolin, Dong Lijie. Application and research of advanced temperature control strategy based on ultra-fast cooling system for hot rolled strip[C]. The 9th International Rolling Conference and the 6th European Rolling Conference, 2013, 158: 1~8.

（13）李振垒，胡啸，李海军，袁国，王昭东，王国栋．热轧板带钢超快速冷却模型及自适应控制系统的研究和开发[J]．钢铁，2013，48（2）：44~48.

（14）Li Haijun, Li Zhenlei, Yuan Guo, Wang Zhaodong, Wang Guodong. Development of new generation cooling control system after rolling in hot rolled strip based on UFC[J]. Jurnal of Iron and Steel Research International, 2013, 20（7）：29~34.

（15）Yuan Guo, Li Zhenlei, Li Haijun, Wang Zhaodong, Wang Guodong. Control and application of cooling path after rolling for hot strip based on ultra fast cooling[J]. Journal of Central South University, 2013, 20（7）: 1805~1811.

（16）Tang S, Liu Z Y, Wang G D, et al. Microstructural evolution and mechanical properties of high strength microalloyed steels: Ultra Fast Cooling（UFC）versus Accelerated Cooling（ACC）[J]. Materials Science and Engineering A, 2013, 580: 257~265.

（17）江连运，李振垒，袁国．热连轧线超快速冷却系统供水压力和集管流量控制方法研究[C]．第九届中国钢铁年会论文集．北京，2013.

（18）利成宁，袁国，周晓光，王国栋．分段冷却模式下热轧双相钢的组织演变及力学性能[J]．东北大学学报（自然科学版），2013，34（6）：810~814.

（19）利成宁，袁国，周晓光，康健，李振垒，王国栋．汽车结构用热轧双相钢的生产现状及发展趋势[J]. 轧钢, 2012, 29(5): 38~42.

（20）袁国, 李海军, 王昭东, 王国栋. 热轧板带钢新一代 TMCP 技术的开发与应用[J]. 中国冶金, 2013(4): 21~26.

（21）李振垒, 李海军, 王昭东, 王国栋. 热轧板带钢的超快速冷却控制系统[J]. 东北大学学报（自然科学版）, 2012, 33(10): 1436~1452.

（22）Kang J, Wang C, Wang G D. Microstructural characteristics and impact fracture behavior of a high-strength low-alloy steel treated by intercritical heat treatment[J]. Materials Science and Engineering A-Structural Materials Properties Microstructure and Processing, 2012, 553: 96~104.

（23）Li Chengning, Yuan Guo, Zhou Xiaoguang, Ji Fengqin, Kang Jian, Wang Guodong. Effect of process parameters on microstructure evolution and properties of hot-rolled dual phase steel containing Nb and Ti[C]. Asia Steel International Conference 2012 (Asia Steel 2012), Beijing.

（24）Kang Jian, Wang Zhaodong, Yuan Guo, Wang Guodong. Controlled cooling process and mechanical property of 590MPa grade structural steel with low yield ratio[J]. Advanced Materials Research, 2011, 261~263: 740~743.

（25）康健, 王昭东, 袁国, 王国栋. 轧后超快速冷却终冷温度对 780MPa 级建筑用钢屈强比的影响[J]. 机械工程材料, 2011, 35(11): 1~4.

（26）Tang Shuai, Liu Zhengyu, Wang Guodong. Development of High Strength Plates with Low Yield Ratio by the Combination of TMCP and Inter-Critical Quenching and Tempering [J]. Steel Research International, 2011, 82(7): 772~778.

（27）Kang Jian, Yuan Guo, Wang Zhaodong. Control of yield ratio based on ultra fast cooling and mechanical behaviors of high strength aseismic steel[J]. Advanced Materials Research, 2011, 228~229: 505~508.

（28）康健, 王昭东, 王国栋, 袁国, 周晓光. 780MPa 级低屈强比高层建筑用钢的生产工艺研究[J]. 钢铁, 2010, 7(45): 71~75.

（29）康健, 王国栋, 袁国, 周晓光. 建筑用高强度低屈强比钢板的冷却工艺[J]. 材料热处理学报, 2010, 31(11): 79~84.

（30）Yuan Guo, Kang Jian, Wang Zhaodong, Wang Guodong. Effect of heat treatment on microstructure and mechanical properties of HSLA plate steel［C］. 10th International Conference on Steel Rolling, ICSR. Beijing, China. 2010. 9. 15～2010. 9. 17.

专利：

（1）袁国，利成宁，康健，王国栋，姬凤芹，刘洺甫．一种一钢多级的热轧钢板及其制造方法（发明专利-授权），2015，中国，201310621228. 8.

（2）袁国，潘瑛，唐士贵，薛越，利成宁，康健．一种基于 CSP 工艺的厚规格热轧双相钢制造方法（发明专利-实审），2015，中国，201510053339. 2.

（3）袁国，利成宁，康健，李振垒，王国栋．一种厚规格热轧双相钢板及制造方法（发明专利-实审），2014，中国，201410414629. 0.

（4）袁国，石建辉，郭杰，从振华，江连运，李振垒，王黎筠，王国栋，刘长久．一种热轧板带钢轧后超快速冷却区的辊道（实用新型专利-授权），2014，中国，201410323268. 9.

（5）袁国，石建辉，江连运，李振垒，王黎筠，王国栋．热轧板带钢冷却设备（外观专利-授权），2014，中国，201430236687. X.

（6）袁国，石建辉，郭杰，从振华，江连运，李振垒，王黎筠，王国栋，刘长久．一种热轧板带钢轧后超快速冷却区的辊道（发明专利-实审），2014，中国，201420375682. X.

（7）袁国，王昭东，王国栋，王黎筠，韩毅，徐义波．一种产生扁平射流的冷却装置及制造方法（发明专利-授权），2013，中国，201110191884. X.

（8）王昭东，袁国，田勇，王丙兴，李勇，韩毅，王黎筠，王国栋．一种基于超快速冷却技术的轧后冷却系统及该系统的应用方法（发明专利-授权），2013，中国，201110201555. 9.

（9）王昭东，康健，袁国，王国栋．一种 780MPa 级低屈强比建筑用钢板及其制造方法（发明专利-授权），2012，中国，201010561371. 9.

（10）袁国，王昭东，王国栋，王黎筠，韩毅，徐义波．一种生产扁平射流的冷却装置（实用新型专利-授权），2012，中国，201120240767. 3.

（11）袁国，王昭东，田勇，王丙兴，李勇，韩毅，王国栋，王黎筠．一种超快速冷却技术的轧后超快速冷却装置（实用新型专利-授权），2012，中国，201120256381.1.

（12）袁国，王昭东，王国栋，王黎筠，李海军，韩毅，徐义波.热轧板带钢生产线用轧后超快速冷却系统的成套装置（实用新型专利-授权），2012，中国，201120254365.9.

（13）王昭东，袁国，王国栋，王黎筠，韩毅，徐义波.一种可形成高密度喷射流的冷却装置及制造方法（发明专利-授权），2012，中国，201110191865.7.

（14）袁国，李俊峰，王国栋，廖志，王昭东，王慎德，王黎筠，成小军，韩毅，龙明建，刘旭辉，杨辉.一种用于热轧板带钢生产线的轧后冷却系统（发明专利-授权），2012，中国，201010221518.X.

获奖：

（1）非等温碳分配条件下热轧 DQ&P 工艺研究.2015，辽宁省教育厅：大学生创新实验计划优秀论文.

（2）热轧板带钢新一代 TMCP 技术及应用.2013，中国金属学会：中国冶金科学技术奖一等奖.

（3）500～700MPa 低成本热轧双相钢的研究与开发.2012，辽宁省教育厅：辽宁省优秀硕士学位论文.

4. 项目完成人员

主要完成人员	职 称	单 位
王国栋	教授	东北大学 RAL 国家重点实验室
袁 国	教授	东北大学 RAL 国家重点实验室
王昭东	教授	东北大学 RAL 国家重点实验室
李海军	副教授	东北大学 RAL 国家重点实验室
王黎筠	高工	东北大学 RAL 国家重点实验室
唐 帅	副教授	东北大学 RAL 国家重点实验室
康 健	博士后	东北大学 RAL 国家重点实验室

主要完成人员	职　称	单　位
李振垒	博士后	东北大学 RAL 国家重点实验室
江连运	博士生	东北大学 RAL 国家重点实验室
李旭东	博士生	东北大学 RAL 国家重点实验室
石建辉	博士生	东北大学 RAL 国家重点实验室
利成宁	博士生	东北大学 RAL 国家重点实验室
赵金华	博士生	东北大学 RAL 国家重点实验室
王晓晖	博士生	东北大学 RAL 国家重点实验室
李　明	高工	迁钢公司
余　威	高工	迁钢公司
江　潇	高工	迁钢公司
刘文斌	高工	迁钢公司
赵　林	高工	迁钢公司
牛　涛	高工	首钢技术研究院
李晓磊	工程师	迁钢公司
王学强	工程师	迁钢公司
郭　杰	工程师	迁钢公司
赵春光	工程师	迁钢公司
杨要兵	工程师	迁钢公司
高　伟	工程师	迁钢公司
董立杰	工程师	迁钢公司
辛艳辉	工程师	迁钢公司
吴新朗	工程师	迁钢公司
周　娜	工程师	迁钢公司
潘　瑛	高工	包钢集团
唐贵士	高工	包钢集团
王建刚	高工	包钢集团
薛　越	高工	包钢集团
张大治	高工	包钢集团
任东升	工程师	包钢集团
张　玮	工程师	包钢集团
刘海涛	工程师	包钢集团

5. 报告执笔人

袁国、李海军、唐帅、康健、李振垒、利成宁。

6. 致谢

具有自主知识产权的热轧板带钢新一代 TMCP 成套装备与工艺技术，在开发与生产实践过程中得到了相关钢铁企业的鼎力支持与帮助。特别感谢涟钢为第一套热轧板带钢超快速冷却系统提供的工业化应用平台，感谢首钢在"十二五"期间对热轧板带钢超快冷技术及新一代 TMCP 技术的发展与应用给予的大力支持，感谢包钢为后置式超快速冷却技术的研究与应用提供的良好的应用平台，感谢首钢京唐、沙钢、山钢等钢铁公司为我国热轧板带钢新一代 TMCP 装备及工艺技术开发与应用提供了良好的工业化应用平台，感谢各级领导和广大技术人员对项目的成功实施给予的大力的支持和帮助。同时，感谢国家科技部、工信部等政府部门以及中国钢铁工业协会等各级领导给予的关心和大力支持，特此表示真挚的谢意！

目 录

摘　　要

随着我国钢铁工业的快速发展，资源限制和环境问题日趋严峻，"绿色制造，制造绿色"已成为钢铁工业转型发展的迫切需求。在当前我国钢铁行业竞争激烈的形势下，充分挖掘热轧过程工艺潜力，进一步挖掘钢铁材料性能潜力，采用节约型的合金成分设计和减量化的生产方法，开发具有良好力学性能、使用性能的特色板带钢产品，对于促进钢铁行业节能降耗、绿色化生产、提高企业产品竞争力具有重要意义。采用以超快速冷却为核心技术的新一代 TMCP 技术，可实现成分节约型高性能热轧板带钢以及差异化、特色化产品的开发生产，对于提高企业的竞争力具有重大实用价值。本书较为系统地说明了采用以超快速冷却为核心的新一代 TMCP 技术进行热轧板带钢产品组织性能调控的机理，介绍了具有自主知识产权的成熟完善的热轧板带钢超快速冷却系统成套技术装备，并从冷却速率、冷却均匀性及设备功能等方面说明了其技术特点及优势。工业化生产实践表明，以超快速冷却为核心的新一代 TMCP 技术，在热轧板带钢产品降本增效、提质增效等方面成效显著。

（1）采用超快速冷却技术，通过适当的减量化成分设计以及热轧过程与超快速冷却工艺的合理匹配，可获得细化的铁素体、珠光体或贝氏体组织，通过细晶强化实现钢材合金减量化或力学性能的大幅提升。超快速冷却可抑制大尺寸的微合金碳氮化物在高温奥氏体中的析出，促进纳米尺寸的微合金碳氮化物在铁素体或贝氏体中充分析出，获得大量细小析出相，增强析出强化效果，实现微合金元素的有效利用。依托超快速冷却技术的冷却路径控制，可实现对 F、B、M、F-B、F-M 等组织的灵活调控，通过组织强化获得强韧性满足需求的热轧带钢产品。

（2）开发了以超快速冷却为核心的新一代 TMCP 技术成套装备、关键工艺技术及冷却控制系统。开发出的超快速冷却喷嘴解决了热轧钢板冷却过程中板材高冷却速率、高冷却均匀性等难题。开发出基于超快速冷却工艺、面向升速轧制的新一代轧后冷却控制系统，实现了超快速冷却系统与原层流冷却设备、工艺以及板带材冷却过程中温度控制的无缝衔接，系统解决了新型轧后冷却系统应用过程中的工艺自动化控制等问题。热轧板带钢超快速冷却成套技术装备及控制系统具有极高的冷却能力、高的系统稳定性及控制精度，满足了大型热连轧生产线复杂工况下低成本高性能热轧板带钢产品的批量、稳定生产需要，并已成功应用于华菱涟钢、首钢迁钢、首钢京唐、包钢等热连轧生产线。

（3）依托前置式超快速冷却系统的高冷却能力及高精度温度控制，配合合理的工艺制度，实现了 4.0～22.0mm 系列厚度规格的 Q345 及 15.0～25.4mm 系列厚度规格的高钢级 X70/X80 管线钢的低成本减量化开发及工业化应用，其中普碳钢合金成本降低 20～80 元/吨、管线钢合金成本降低 150～300 元/吨。特别是在改善超厚规格管线钢低温韧性方面，前置式超快速冷却工艺技术具有突出的工艺优势。基于后置式超快速冷却工艺的组织性能调控机理，开发出抗拉强度为 540～700MPa 级系列经济型热轧双相钢产品，实现了 6.0mm 规格 DP540 及 11.0mm 规格 DP590 优质热轧双相钢的大批量工业化生产及应用。同时，超快速冷却工艺也为新一代高性能析出强化型热轧双相钢及热轧 Q&P 钢的工业化生产提供了工艺保障。

关键词：热轧板带钢；超快速冷却；新一代 TMCP 技术；工艺原理；装备技术；工艺控制；产品工艺

1 热轧板带钢新一代控轧控冷（TMCP）理论研究进展

控制轧制和控制冷却技术 TMCP（Thermo-Mechanical Controlled Processing），是 20 世纪钢铁业最伟大的成就之一，是目前钢铁行业热轧钢铁材料工艺开发领域应用最为普遍的关键共性技术之一。依托 TMCP 技术，钢铁工业才能源源不断地向社会提供优质的钢铁材料，支撑着钢铁材料发展，对人类文明和社会发展做出了巨大贡献。随着人们对环境、能源及材料性能要求的提高，传统 TMCP 技术已难以满足兼顾成分节约、节能降耗、环境友好及高性能要求的钢铁材料开发生产的需求。而基于超快速冷却技术为核心的新一代控制轧制和控制冷却工艺技术（NG-TMCP），可进一步发挥细晶强化、析出强化及相变强化的效果，或通过多种强化机制的综合作用，开发生产出低能耗、环境友好型及高性能的钢材。

1.1 热轧板带钢新一代 TMCP 理论研究进展及认识

TMCP 技术的核心在于控制轧制与控制冷却的匹配控制，如图 1-1 所示。首先通过控制轧制工艺对奥氏体硬化状态进行控制，即通过轧制变形在奥氏体中积累大量的能量，在轧制过程中获得内部存在大量变形带、位错、孪晶等"缺陷"的硬化状态奥氏体，为后续的相变过程中实现晶粒细化奠定基础。随后通过控制冷却工艺对硬化奥氏体的相变过程进行控制，以进一步细化铁素体晶粒以及通过相变强化得到贝氏体等强化相，改善材料的综合性能。由于硬化的奥氏体内存在的"缺陷"是相变时铁素体形核的核心，因此"缺陷"越多则铁素体的形核率越高，得到的铁素体晶粒越细小。

传统控制冷却技术受冷却机理以及当时的开发认知水平等限制，冷却强

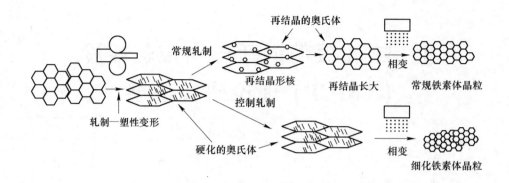

图1-1　传统控制轧制和控制冷却工艺核心思想

度相对较低。在传统控制冷却相对较低的冷却强度条件下，为了获得充分的硬化奥氏体，采取的基本手段是"低温大压下"和添加微合金元素。"低温"是为了抑制奥氏体的再结晶，保持其硬化状态；"大压下"则是为了增加硬化奥氏体所储存的变形能。采取增加微合金元素如 Nb、Ti 等，可以提高奥氏体的再结晶温度，使奥氏体在比较高的温度即处于未再结晶区，便于利用常规的轧制制度实现奥氏体的硬化状态。传统 TMCP 工艺技术采用低温大压下工艺，与人们长久以来形成的"趁热打铁"观念背道而驰，另外还存在以下不足：

（1）低温大压下必然需要进一步提高轧机能力，轧制过程能耗高，且易于造成轧制过程的不稳定，同时现代化轧机能力已接近极限，无法进一步提高。另外，采用低温大压下易导致热轧钢板表面形成过多的红色氧化铁皮，对表面质量造成破坏，会增加后续加工过程中的生产成本，甚至损伤钢板的表面。再者，传统 TMCP 在提高热轧钢板强韧性的同时，会因低温轧制产生的残余应力进而带来板形不良和剪裁瓢曲等问题。

（2）通过采用低温大压下和微合金化的技术路线，Nb、Ti 等微合金元素的加入可显著提高钢材的再结晶温度，扩大未再结晶区，大大强化了轧制奥氏体的硬化状态，还会以碳氮化物的形式析出，对材料实现沉淀强化，从而对材料强度的提高做出贡献。但是，微合金和合金元素加入，会提高材料的碳当量，这会恶化材料的焊接性能，同时还会造成钢材成本的提升和合金资源的消耗。

（3）传统控制冷却技术较低的冷却速度，对于厚规格的热轧板带钢，往往存在冷却不足的问题。热轧板带钢综合性能不良或不合格通常是由于板材心部组织性能不能满足要求造成的。一般情况下，对于厚规格产品，需要添加较多的 Mo、Cr 等合金元素，来改善或弥补因冷却能力不足造成的心部组织问题。微合金元素的加入，同样会导致材料碳当量的提高，恶化材料焊接等使用性能。

随着控制冷却工艺的不断发展与进步，以超快速冷却为核心的新一代 TMCP 技术在热轧高性能钢铁材料的组织调控及生产制造方面突破了传统 TMCP 技术冷却强度的局限以及较大量添加微合金元素的强化理念，针对不同的组织性能要求通过轧后冷却路径的灵活、精准控制，实现"以水代金"的绿色强化理念，在组织性能调控方面显现出强大的技术优势。

新一代 TMCP 技术与传统 TMCP 技术的区别，如图 1-2 所示。与传统 TMCP 技术采用低温大压下和微合金化不同，以超快速冷却技术为核心的新一代 TMCP 技术的中心思想是：

（1）适度提高轧制温度，在奥氏体区"趁热打铁"，在适当的温度区间内完成连续大变形的应变累积。

（2）轧后立即进行超快速冷却，使轧件迅速通过奥氏体相区，保持轧件

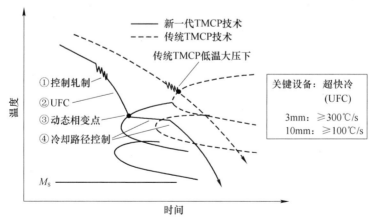

图 1-2　新一代 TMCP 技术路线与传统 TMCP 技术路线的区别

奥氏体硬化状态。

（3）依据组织调控的目标，在相应的动态相变点附近终止超快速冷却。

（4）依照材料组织和性能的需要进行冷却路径的控制。常规轧制或适当控轧后，采用"超快速冷却＋接近相变点温度停止冷却＋后续冷却路径控制"，尽可能提高终轧温度，通过降低合金元素使用量，来实现资源节约型、节能减排型的绿色钢铁产品制造过程。

目前，轧后超快速冷却技术已经成为热轧板带材生产线改造的重要方向。中试结果和生产应用表明，这种技术可以推广应用于包括90%以上的热轧钢材，与常规冷却方式相比，不仅可以提高冷却速度，且与常规层流冷却相配合可实现与性能要求相适应的多种冷却路径优化控制。

1.2 基于新一代 TMCP 技术的细晶强化机制

晶粒细化是同时提高钢材强度与韧性的唯一手段，因此，材料显微组织的精细化控制对于高品质钢铁材料的开发具有重要意义。研究表明，随着热轧后冷却速率的增加及冷却终止温度的降低，C-Mn 钢将依次通过粗晶区、细晶作用区及极限细晶区。热轧后冷却过程中 C-Mn 钢的组织调控原理图示，如图 1-3 所示。在低冷却速率及高冷却终止温度区域，晶粒粗大且晶粒尺寸受工艺的影响不显著（粗晶区）；当冷却速率继续增大且冷却终止温度继续降低时，晶粒尺寸将随着冷却速率的增大及冷却终止温度的降低而显著减小（细晶作用区）；然而，当晶粒细化至一定程度时，晶粒尺寸将不再随着冷却速率的增加及冷却终止温度的降低而显著减小，而是基本保持稳定而细小的尺寸，即达到极限尺寸（极限细晶区）。

在基于常规层流冷却的传统 TMCP 工艺条件下，由于轧后冷却速率较低，冷却速率及冷却终止温度处于如图 1-3 所示的粗晶区或细晶作用区，晶粒尺寸随着冷却终止温度的降低及冷却速率的增加而减小。但由于层流冷却的冷却速率的限制，难以接近或达到极限细晶区。因此，为了进一步细化晶粒，常通过添加微合金元素提高钢材的再结晶温度扩大未再结晶区；或降低轧制温度，在未再结晶区进行低温大压下。通过添加微合金或低温大压下使材料内部形成大量的变形带、亚晶、位错等晶体"缺陷"，这些"缺陷"在后续的相变中成为铁素体形核的核心。"缺陷"的大量存在，造成后续相变中材料内部大量形核，进而可以细化材料的晶粒尺寸，实现细晶强化效果。

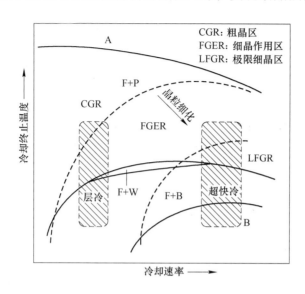

图 1-3 冷却过程中 C-Mn 钢组织调控原理

如何能够降低对低温大压下及微合金化传统工艺路线的过度依赖是低成本高效的生产 C-Mn 系钢的重要方向，以超快速冷却为核心的新一代 TMCP 技术很好地解决了这个问题。如图 1-3 所示，采用超快速冷却工艺并配合合理的冷却终止温度的控制，可使钢材处于极限细晶区，获得细小且稳定的晶粒，实现大幅度的晶粒细化，从而适当降低了对低温大压下及微合金化的过度依赖。轧后超快速冷却可以抑制硬化奥氏体的回复与再结晶，保持奥氏体处于含有大量"缺陷"的高能硬化状态，随后通过控制超快速冷却的终止温度，使其进入极限细晶区，进而获得稳定细小的晶粒。以超快速冷却为核心的新一代 TMCP 技术还可根据材料组织性能需求的差异，控制超快速冷却的终止温度，使得富含"缺陷"的硬化状态奥氏体被保存至不同的相变区间内，进而实现特定组织的细化效果，实现细晶强化与组织强化的双重调控。

基于新一代 TMCP 技术的 UFC-F 工艺及 UFC-B 工艺调控原理如图 1-4 所示。对于以铁素体+珠光体（F+P）为组织特征的普碳低合金钢，为了获得高强且稳定的力学性能，理想的冷却工艺窗口应为 F+P 相变区与极限细晶区相重叠的区域，即 UFC-F 工艺。研究表明，超快速冷却条件下，120℃/s 以上的冷却速率可将6mm厚度以下普通C-Mn低合金钢冷却至极限细晶区，晶粒尺寸可由原来层流冷却条件下的10~6μm降低至约3μm。超快速冷却不仅可以细化铁素体晶粒，还可以细化珠光体的亚结构。珠光体片层间距的最主要影响因素是过冷度，采用超快速冷却可显著提高奥氏体的过冷度，降低珠光体相变温度，因此，可通过细化珠光体片层间距进而提高珠光体的强度。

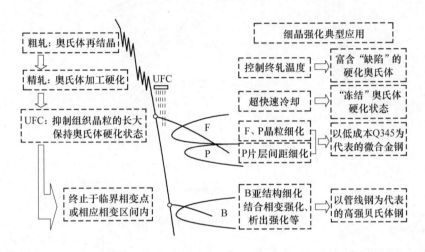

图1-4 新一代TMCP技术细晶强化工艺示意图

针对以X70/X80高钢级管线钢为典型代表的高强度贝氏体钢，通常需要将超快速冷却的终冷温度控制在较低的贝氏体相变区间附近（如图1-3所示的B相变区与极限细晶区相重叠的区域），即UFC-B工艺。UFC-B工艺通过结合贝氏体的细晶强化、相变强化、析出强化等强化机制，可实现高钢级管线钢综合性能的全面提升，同时降低钢材对Mo等昂贵合金元素的依赖，并达到提质增效的生产目的。

1.3 基于新一代TMCP技术的析出强化机制

析出强化是除细晶强化以外的最重要的强化方式，其脆性矢量相对较小，对抗拉强度和屈服强度的提升大致相当，对材料的屈强比影响较小。在钢铁材料中绝大多数情况下析出相与位错通过Orowan机制起到强化作用，在这种条件下析出相的尺寸对强化效果尤为重要。通过适当的控轧控冷工艺，获得纳米尺度的、弥散分布的析出相粒子可获得显著的强化效果，质量分数

0.08% 的碳含量条件下以 1nm 的 TiC 粒子析出时, 理论上可获得 700MPa 的强度增量。因此, 基于控轧控冷技术获得弥散析出的纳米碳化物对于开发析出强化型高性能钢材具有重要的意义。

与传统 TMCP 工艺相比, 以超快速冷却为核心的新一代 TMCP 技术在钢中析出物的控制上有着显著的技术优势:

（1）通过适当提高终轧温度及轧后的高强度冷却控制, 抑制热轧过程中的应变诱导析出, 使更多微合金元素保留到铁素体或贝氏体相变区, 析出相尺寸细小, 强化效果显著。

（2）轧后的高速率冷却避免了传统层流冷却以较低冷速冷却过程中碳化物在穿越奥氏体区及高温铁素体区期间的析出, 同时抑制了冷却过程中析出相的长大, 易于纳米析出粒子的获得。

（3）通过精准的冷却路径控制, 并配合等温处理过程, 可获得最佳的碳化物析出工艺窗口。

微合金碳氮化物的析出是微合金钢物理冶金过程中最重要的基础问题之一, 基于新一代 TMCP 技术, 通过析出强化获得高性能钢铁材料的技术路线如图 1-5 所示。

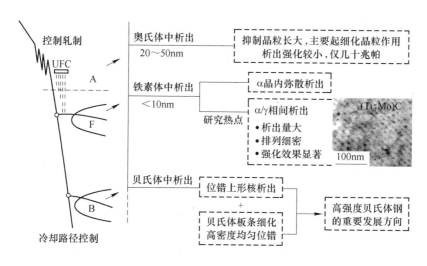

图 1-5 新一代 TMCP 技术析出强化工艺示意图

微合金碳氮化物析出过程主要包括热轧阶段在奥氏体中析出、冷却阶段在铁素体或贝氏体中析出。首先, 在奥氏体中析出的碳化物主要通过抑制再结晶和晶粒长大起到细晶强化作用，尺寸大多在 20～50nm，对基体的析出强化作用很小。轧后利用超快速冷却将轧件快速冷却至铁素体相变区后终止冷却，在此条件下高强度冷却能力抑制了碳化物在穿越奥氏体区期间析出，使得大量析出粒子在铁素体相变区间析出，同时碳化物析出相尺寸一般在 10nm以下，析出强化效果大为增强。铁素体中碳化物析出存在相间析出（interface precipitation）和晶内过饱和析出（supersaturated precipitation）两种方式。通过合理的控制手段可以得到大量细小相间析出碳化物，大幅度提高钢的强度，因此铁素体的相间析出是一种很有发展前景的强化途径。

另外，将超快速冷却终止于贝氏体相变区，贝氏体铁素体基体具有较为均匀的高密度位错，此条件下碳化物几乎完全以位错形核的方式在基体中析出，与贝氏体组织结合，可进一步增强强化效果。微合金碳化物在贝氏体基体中的析出是今后发展高强度贝氏体钢的重要方向之一。

1.4 基于新一代 TMCP 技术的相变强化机制

相变强化又称组织强化，是通过控制相变过程改变钢材的组织构成，从而提高钢材强度的一种强化方法。从本质上来说，相变强化是通过实现对钢中相及其形态、尺度的控制，以达到提高钢材力学性能的目的。超快速冷却系统具备接近极限冷却速率的冷却能力，与层流冷却配合，可实现多样的冷却路径控制。基于超快速冷却工艺开发出的 UFC-F、UFC-B、UFC-M 等工艺路径适用于广泛的钢材品种，工艺示意图如图 1-6 所示。

基于新一代 TMCP 技术开发的 UFC-F 工艺，即超快速冷却终止温度控制在铁素体相变区，进而获得细化的铁素体、珠光体组织；另外，根据合金成分特征并配合后续的层流冷却（或后置式超快速冷却）可实现铁素体析出强化型高强钢以及双相钢的生产。将超快速冷却终冷温度降至贝氏体转变温度区间，即 UFC-B 工艺路径，可以获得全贝氏体组织的高强度钢或以针状铁素体为特征的管线钢。若配合 HOP 工艺，通过对组织相变进行自由的控制，更充分地实现了相变强化效果，同时可以细化碳氮化物的析出物，使得组织成分分布更加均匀，在减少合金元素添加量的前提下使钢板获得其他工艺过程难以具备的多种性能。日本 JFE 利用该工艺路线获得了由回火贝氏体与 M-A

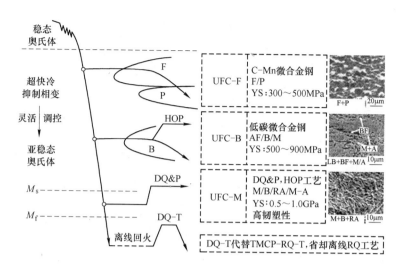

图 1-6 新一代 TMCP 技术相变强化工艺示意图

岛组成的复相组织，成功应用于低屈强比建筑用钢及管线钢的生产。将终冷温度降至马氏体相变区间的 UFC-M 工艺，即控制冷却的极限条件直接淬火工艺，若冷却至室温并配以适当的回火热处理即 DQ-T 工艺，可以代替离线的调质热处理，省却了再加热淬火过程，不仅提高了生产效率还显著降低了能耗。若控制终冷温度位于 $M_s \sim M_f$ 之间，随后进行碳的配分处理，即 DQ&P 工艺，则可以获得由马氏体及大量残余奥氏体组成的复相组织，为先进高强塑积热轧 DQ&P 钢的工业化生产提供了可行的工艺基础。

图 1-7 为通过超快速冷却工艺实现相变强化的另一种工艺路径。超快速冷却配置于卷取机前，即后置式超快速冷却，特别适用于铁素体基体-硬质第二相复相钢的组织调控，如经济型热轧双相钢的生产。后置式超快速冷却工艺路径控制的要点在于结合前置式超快速冷却或常规层流冷却系统，实现灵活的多阶段冷却控制。

适度运用前置式超快速冷却及常规层流冷却进行一阶段冷却，通过控制中间温度（MT）实现铁素体组织形态的控制，然后根据工艺需求进行一定的空冷处理，利用后置式超快速冷却系统短时准确控温特点，快速冷却至特定卷取温度（CT），进行第二相组织类型的控制，最终获得铁素体-马氏体型热轧双相钢或铁素体-贝氏体型热轧双相钢。基于后置式超快速冷却的组织调控及强化机制如表 1-1 所示。

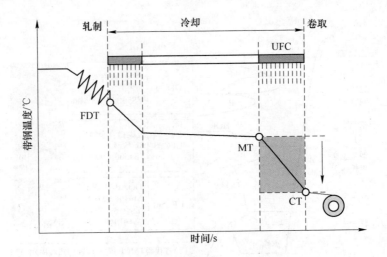

图 1-7 基于后置式超快速冷却的工艺路径控制

表 1-1 基于后置式超快速冷却的组织调控及强化机制

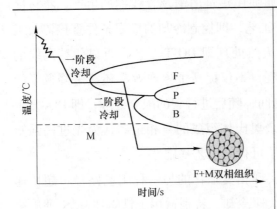

F + M 双相钢组织控制：

（1）利用一阶段冷却控制（MT），钢板轧后快速进入铁素体相变区，并形成足够体积分数铁素体组织；

（2）利用后段超快速冷却系统的近似极限冷却能力，避免珠光体、贝氏体组织的形成；

（3）足够低的终冷温度（CT），确保马氏体相变完成；

（4）通过两阶段冷却参数调节，实现 F + M 双相组织的调控

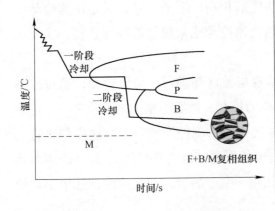

复相钢/F + B 双相钢组织控制：

（1）利用前、后段超快速冷却系统及常规层流冷却系统，根据材料成分与相变特征，进行冷却路径控制；

（2）适度提高后段超快速冷却终冷温度（CT）至贝氏体区，可获得 F + B 或 F + B/M 等复相组织；

（3）根据性能需求，结合成分匹配，通过复合冷却路径控制，在最终组织中获得一定量的残余奥氏体、M/A 组元等组成相，满足先进高强度钢的生产工艺

后置式超快速冷却系统在双相钢的研发与工业化生产中具有以下优势：

（1）基于后置式超快速冷却系统，F-M 双相钢马氏体相变强化不是依赖提高 Cr、Si、Mn 等元素含量甚至添加 Mo 元素使马氏体转变临界冷速降低的方式实现，而是依托超快速冷却系统的高冷却速率及强冷却能力。

（2）与常规的加密后段冷却系统相比，后置式超快速冷却系统可实现对特定卷取温度（CT）的短时快速稳定控制，最终实现硬相马氏体或贝氏体组织形态的稳定控制。

（3）采用超快速冷却/层流冷却—空冷—超快速冷却的冷却模式生产热轧双相钢时，可在保证马氏体相变的同时扩大铁素体转变窗口，实现铁素体基体组织形态、含量的控制，使产品软硬两相比例合理，厚度方向的组织均一性良好，最终获得强韧匹配良好的热轧双相钢。

（4）超快速冷却系统具备高的系统稳定性，满足热轧双相钢的批量化稳顺生产要求。基于其高均匀冷却特性及高精度温度控制系统，热轧双相钢产品的性能可实现窄范围控制，同板宽向或卷长方向性能及异板性能差异小。

后置式超快冷工艺，在开发、生产经济型高性能双相类热轧带钢具有独特的优势。实践表明，基于后置式超快速冷却工艺，采用简单的 C-Mn 系成分设计即可生产 3.0~11.0mm 厚度规格的 540~700MPa 级别 F-M 型或 F-B 型热轧双相钢产品。

1.5 本章小结

本章系统阐述了超快速冷却技术在热轧板带钢生产中的组织调控原理。采用超快速冷却技术，可降低钢板在轧制过程中对合金元素的过度依赖，获得细化的铁素体、珠光体及贝氏体组织，实现细晶强化。超快速冷却可抑制微合金元素析出相在高温区析出，使得更多的微合金元素在铁素体或贝氏体中析出，进而获得大量细小析出相，增强析出强化效果。依托超快速冷却技术的冷却路径控制，可实现对 F、B、M、F-B、F-M 等的组织调控，进而获得显著的组织强化效果。基于超快速冷却技术为核心的新一代 TMCP 技术，可进一步发挥细晶强化、析出强化及相变强化的效果，或通过多种强化机制的综合作用，开发生产出低能耗、环境友好型及高性能的钢材。

2 基于超快速冷却的新一代控轧控冷技术成套装备及关键工艺技术

研究已表明，增加轧后冷却速率可显著改善钢材的组织和性能。基于传统层流冷却机理，通过加密集管数量或增大单根集管流量来提高冷却强度时，因膜态沸腾换热机理所能达到的冷却强度有限，冷却速率仍无法满足节约型高性能热轧板带钢要求。另外，常规层流冷却条件下，热轧板带钢易于因轧后冷却不均匀造成带钢瓢曲变形，特别是针对管线钢、双相钢等需要低温卷取的品种钢而言尤为突出。因此，研究和开发可实现带钢的高强度均匀化冷却的超快速冷却工艺技术及成套装备，是实现新一代 TMCP 技术的关键所在。

2.1 传统层流冷却技术的问题及认识

随着热轧板带钢产品品种工艺开发进一步深入，以及通过低成本减量化工艺实现高性能钢铁材料的开发需求进一步迫切，目前以层流冷却机理为特征的传统层流冷却设备愈发暴露出其冷却机理上的不足，直观表现在其冷却能力偏低（即冷却速率低）、冷却均匀性差（外在表现为冷却后钢板板形较差）两个方面。

（1）冷却强度偏低，难以满足先进高强度钢铁材料开发所需的大冷却速率范围可调的需求。层流冷却强度偏低的主要原因在于其冷却机理主要采用换热强度较低的膜态沸腾换热。传统层流冷却设备采用高位水箱与层流冷却集管配置形势，冷却水在高位水箱产生的压力作用下自然流出，形成连续水流。如图 2-1 所示，冷却水在自重作用下垂直流落在钢板表面，在水流下方和几倍水流宽度的扩展区域内，形成具有层流流动特性的单相强制对流区域（区域Ⅰ），也称为射流冲击区域。该区域内由于流体直接冲击换热表面，从而大大提高热/质传递效率，因此换热强度很高。随着冷却水的径向流动，流体逐渐由层流到湍流过渡，流动边界层和热边界层厚度增加，同时接近平板的冷却水由于被加热开始出现沸腾，形成范围较窄的核状沸腾和过渡沸腾区域（区域Ⅱ）。随着加热面上稳定蒸汽膜层的形成，带钢表面出现薄膜沸腾强制对流区（区域Ⅲ），该区域内由于热量传递必须穿过热阻较大的汽膜导热，而不是液膜，因此其换热强度远小于水与钢板之间的换热强度。随着流体沸腾汽化，在膜状沸腾区之外，冷却水在表面聚集形成不连续的小液态聚集区（区域Ⅳ）。小液态聚集区的水最终或者被汽化，或者从钢板的边缘处流下。

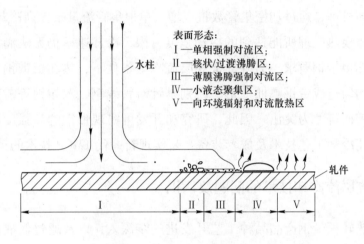

表面形态：
Ⅰ—单相强制对流区；
Ⅱ—核状/过渡沸腾区；
Ⅲ—薄膜沸腾强制对流区；
Ⅳ—小液态聚集区；
Ⅴ—向环境辐射和对流散热区

图 2-1　钢板层流冷却过程的表面局部换热区描述

实际冷却过程中，由于普通层流冷却设备纵向集管间距较大，冷却水落到热钢板表面上以后，在实际冷却过程中，造成膜状沸腾换热区域（区域Ⅲ）远大于射流冲击换热区域（区域Ⅰ），由于汽膜阻热，导致冷却强度较低。此即为基于层流冷却机理的传统控冷设备冷却强度偏低的根本原因。

对于通过加密集管排布提高管层流设备冷却强度技术手段，在一定程度上可以提高钢板冷却强度。但是，实际生产过程中，由于管层流冷却设备采用无压冷却水自然流向钢板表面，加密集管布置提高钢板表面水流密度必然造成钢板上表面残留积水过多，导致集管流出的冷却水很难穿透残留积水的水层厚度。这样，将导致新水无法与钢板表面实现直接接触，其结果即为更多的冷却水也并不能提高冷却效果，甚至往往起到反作用，恶化钢板冷却过程的板形。

（2）冷却均匀性差，冷却后钢板板形控制难度大。传统层流冷却均匀性差的原因是由于其冷却过程中钢板表面残留水的无序流动以及由此形成的冷却水的过渡沸腾换热造成的。钢板冷却后的板形实际上是钢板冷却过程中冷却均匀性与否的外在表现。

集管冷却水在自重作用下流落至钢板表面后，受钢板运动惯性作用在较短时间内沿落点径向及钢板运行方向存在一定的有序流动，但随后即表现在残留水的无序流动。随着钢板沿轧线运行，更多的集管冷却水落至钢板表面，而此时前段集管流落至钢板表面冷却水已受高温钢板影响水温升高。在后段集管新水与前段集管具有一定温升的残水交互作用影响下，钢板表面即会产生一定程度的冷却不均。随着冷却过程的进行，钢板表面冷却不均将进一步恶化，进而影响钢板内部组织性能，表现为钢板的板形瓢曲等，同时钢板内部残余应力较大。若钢板内部残余应力太大，经钢板热矫后矫平的钢板，运至冷床以及后续工序时会存在板形再次瓢曲。为确保交货质量，目前很多钢铁企业往往依赖重载冷矫设备，造成工序压力及成本激增。

2.2　超快速冷却机理核心突破

作为热轧钢铁材料轧制技术研究最为活跃的热轧板带钢领域，围绕超快速冷却技术的发展应用，实际上主要包括两个方面的内容：一是针对实现热轧板带钢超快速冷却的技术途径和手段，二是超快速冷却技术在热轧板带钢产品开发上的工艺应用理念。

对于热轧板带钢实现超快速冷却的技术手段，当前主要有两种技术方案或实现途径：一是采用加密层流冷却集管方式；二是采用有压冷却水射流冷却方式。

对于热轧板带钢产品，厚度规格相对中厚板较薄（厚度规格小于25.4mm），但在冷却区域的输送速度较高。采用层流冷却方式，实际上对于3.0mm 甚至6~7mm 厚度以下的薄规格钢板，常规层流冷却通过加大水量，也能获得较高的冷却速率（如冷速可达到80℃/s 以上），进一步通过加密层流冷却集管，还有可能获得更高的冷却速率。因此，在现有层流冷却集管布置密度基础上，进一步增加层流冷却集管，在集管数量上达到1.5~2 倍于现有层流集管数量，冷却水流量随之也达到 1.5~2 倍于现有层流集管流量，可在一定程度上提高热轧板带钢的冷却速率，能够满足较薄规格热轧板带钢的快速冷却需要。这看起来是一个较容易实现的技术手段，但实际上，对于更厚规格的热轧板带钢实现超快速冷却则存在机理上的问题。

实现高温钢板的超快速冷却，最基本的要素是要实现新水和高温钢板直接接触，尽可能避免冷却水与高温钢板之间的汽膜阻碍热量传导。由于层流冷却是基于常压水，冷却水从集管中依靠重力自然出流冲击到钢板表面，在集管加密配置情况下，更多的冷却水落到钢板表面，集管连续开启过程中，钢板上表面残留水将快速增加，最终在钢板上表面形成一层较厚的残留水层。层流冷却集管依靠自重出流的冷却水冲击力有限，冷却水流很难有足够的冲击能力穿透钢板上表面残留水层而直接接触到高温钢板表面，从而造成冷却能力很难进一步提高。在这种情况，上表面冷却水效率因残留水层过厚且新水又无法直接冷却钢板表面而导致效率急剧降低，但下表面由于喷管出流冷却水接触到钢板下表面后很快因重力作用回落，新水不断直接接触钢板下表面，从而造成钢板下表面冷却强度大于上表面，体现在水量比上，则会出现上表面水量要远大于下表面的使用情况。目前，根据国内某条热轧生产线轧后加密层流冷却系统的集管水量设计理念及应用效果，也体现了上述问题。

因此，在冷却强度上，层流冷却加密集管带钢可在一定程度上实现超快速冷却，但对于厚规格（10mm 以上）带钢则很难能够满足超快速冷却需要。对于热连轧机生产线，在产品通常要覆盖由薄到厚（最大 25.4mm）的系列规格范围的前提下，采用加密层流冷却集管配置将很难满足全系列规格的产品开发需要。另外，层冷加密条件下，钢板上表面残留的水与新水混合，导致钢板表面冷却水温度不一，造成冷却带钢过程中板材冷却不均，进而使板材瓢曲或内应力较大。

采用有压冷却水喷射冷却，其难度在于带有一定压力的冷却水如何能够实现钢板的高强度均匀化冷却，这实际上也是热轧板带钢超快速冷却技术的核心关键技术所在。基于有压冷却水射流冲击钢板表面，水流冲击能力大幅度提高，可有效实现新水直接接触高温钢板表面冷却，从而冷却强度可大大提高。但由于带材厚度较薄，在生产过程中对于板形的要求相对苛刻。因此，保证超快速冷却过程的板形控制也将是该技术方案下的关键技术。根据东北大学 RAL 在热连轧超快速冷却装备及工艺开发中的现场实践，采用有压冷却水喷射冷却，可很好地实现热轧板带钢从薄到厚规格系列产品的超快速冷却，且板形控制良好，很好地满足了产品工艺生产需求。

东北大学 RAL 采用具有一定压力和速度的冷却水流，以一定的倾斜角度喷射到高温钢板表面，实现高温钢板的射流冲击换热；同时钢板表面的冷却水在钢板表面形成壁面射流，可有效避免传统冷却方式条件下冷却水在钢板表面的无序流动以及残留水造成的冷却不均，从而获得高的冷却强度和冷却均匀性。实际应用表明，对于 3mm 厚度带钢，可实现 300℃/s 及以上的实际冷却速率；同等规格产品冷却过程中，可达到普通层流冷却 2~5 倍以上的高冷却速率，对于充分挖掘轧后冷却工艺潜力、降低合金元素用量作用关键；同时可实现大型热连轧线 2~25.4mm 厚度带钢轧后超快速冷却过程的高平直度板形控制。东北大学 RAL 通过技术攻关，成功实现了我国在热轧板带钢超快速冷却技术核心冷却机理上的突破。

在超快速冷却装置出现后，对于超快速冷却技术在热轧板带钢产品开发上的工艺应用问题上，人们对超快速冷却的认识和应用更多的是作为一种补充或辅助冷却手段。在较长一段时间内，在工艺应用上主要用于实现热轧钢材的快速降温或用于后段强冷实现双相钢的开发生产，这一点可以从 2004 年后国内很多新建热轧生产线预留后置式超快速冷却系统的工艺布置方案中看出。2007 年，以王国栋院士为代表的东北大学 RAL 科技工作者，根据多年来对热轧钢铁材料 TMCP 工艺技术领域的研究体会和开发实践，进一步研究超快速冷却工艺技术的组织调控机理，并将超快速冷却工艺与控制轧制过程结合起来，系统提出基于超快速冷却的新一代 TMCP 工艺技术理念及其技术内涵，超快速冷却工艺技术才得到了实质性的应用和发展。此后，国内钢铁行业对超快速冷却技术及工艺应用理念方面的认识逐步深入，并应用到量大面广的绝大部分热轧钢铁材料新工艺开发，而不仅仅是此前用于后置式强冷以单纯的满足开发双相钢所用。随后，国内大型钢铁企业新建的多条常规热轧线也逐步采用或预留前置式超快速冷却工艺布置方案，以更好地满足企业自身后续的生产及全面新品种工艺开发和升级需要。现场实践也证明，东北大学 RAL 科技工作者提出和倡导的基于超快速冷却的新一代 TMCP 工艺技术理念，在开发成分节约型的低成本高性能热轧板带钢新产品新工艺方面成效显著。应用超快速冷却为核心的新一代 TMCP 工艺理念开发低成本高性能钢铁材料，也已成为国内热轧板带钢企业的广泛共识。

2.3 带钢热连轧线超快速冷却成套技术装备

开发板带钢热连轧线超快速冷却成套技术装备，主要涉及关键喷嘴结构开发设计、装备开发与集成以及配套水系统的技术开发与设备集成等关键技术。在设备结构上与传统层流冷却技术存在根本性的区别。

相对于中厚板轧制生产线，热轧板带钢生产线具有轧制速度快、自动化程度高、产品工艺上要求实现灵活的冷却路径控制等特点，加之热轧板带钢生产线轧制节奏高、设备布置紧凑，因此，对超快速冷却成套装备技术开发提出了新的要求。

2.3.1 超快速冷却系统中喷嘴结构的有限元模拟研究

东北大学 RAL 采用有限元流体动力学数值模拟分析，开发出多重阻尼的热轧板带钢狭缝式喷嘴和高密超快速冷却喷嘴结构及配置技术，解决了热轧板带钢高冷速、高冷却均匀性的核心技术难题。

图 2-2 为高密喷嘴速度矢量图。由图可知，在入水腔内随着入口距离的

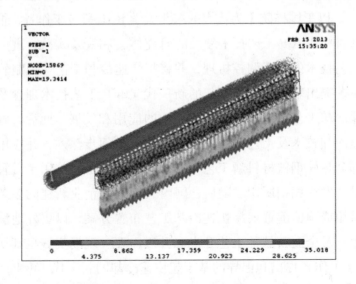

图 2-2　高密喷嘴速度矢量图

增加流速逐渐降低，在中间腔的过渡作用下，冷却水进入出水腔时沿喷嘴长度方向流速均匀分布。采用多级阻尼布置结构，冷却水在喷嘴内部逐渐趋于稳定，进入各个腔体时紊动度逐渐降低，有利于保持流体出口的稳定性。

入口速度分别为 3.0m/s 和 4.0m/s 时高密喷嘴出口长度方向中心流速大小及分布，如图 2-3 所示。由图 2-3 可以看出，在喷嘴长度方向两侧边部 0.1m 范围内流速存在较低幅度的波动，由于喷嘴的长度比带钢宽，边部不均匀的冷却水不会喷射至带钢表面，在其他范围内出口速度均匀性较高，满足了工艺需求。

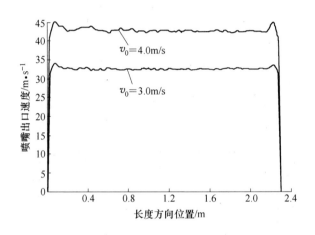

图 2-3　长度方向高密喷嘴出口流速分布

缝隙喷嘴流动过程的喷嘴矢量图如图 2-4 所示。入口速度分别为 6.0m/s 和 9.0m/s 时缝隙喷嘴出口长度方向中心流速大小及分布，如图 2-5 所示。由图 2-4 及图 2-5 可以看出，缝隙喷嘴在不同入口速度下冷却水出口速度均匀性较高。在进水腔内随着入口距离的增加流速逐渐降低，在中间腔的过度作用下，冷却水进入出水腔时沿喷嘴长度方向流速均匀分布。采用多级阻尼板布置结构，冷却水进入各个腔体时紊动度逐渐降低，有利于保持流体出口的稳定性及均匀性。

2.3.2　超快速冷却系统喷嘴结构的开发与应用

在相关流体理论研究、有限元模拟及实验研究的基础上，开发出两类适

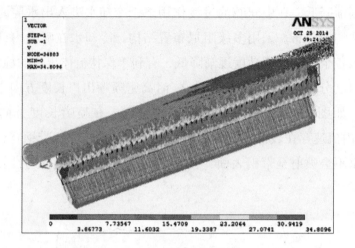

图 2-4　缝隙喷嘴速度矢量图

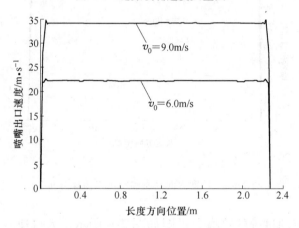

图 2-5　长度方向缝隙喷嘴出口流速分布

用于热连轧带钢生产线的超快速冷却喷嘴结构，即多重阻尼系统的整体狭缝式高性能射流喷嘴和多重阻尼系统长寿命周期的高密快冷喷嘴。所开发出的喷嘴得到工业化应用，高密喷嘴和缝隙喷嘴的外部结构和现场应用情况如图 2-6 所示。

　　由图 2-6 可以看出，根据喷嘴射流扩散性和均匀性影响规律所开发的高密喷嘴和缝隙喷嘴射流均匀性良好，射流至空气中的冷却水集束性较好，并且在喷嘴出口沿宽度方向速度均匀分布。所开发的喷嘴具有良好的宽向均匀性，这对于板带宽度方向温度均匀性和组织性能的均匀性提供了重要的装备

a   b

图 2-6　超快速冷却喷嘴模型及射流状态

a—高密喷嘴；b—缝隙喷嘴

技术支撑；同时喷嘴具有良好的集束性，对于冷却强度的提高进一步产生了重要的积极促进作用。

开发出的狭缝式喷嘴在水流流动形态、冷却机理上与传统层流冷却设备的水幕喷嘴存在本质区别。在水流流动形态上，传统层流冷却设备水幕喷嘴基于层流流动形态，出流形成的幕状水流或成幕条件不仅受自身流体收缩和表面张力作用影响，同时受水中气体、杂质和喷嘴振动以及导流槽光滑程度等喷嘴结构影响，成幕条件不易控制，易于破断，稳定性差，可控性低，已被实际应用所淘汰。本研究课题开发出的超快速冷却狭缝式喷嘴在水流流动形态上，是基于紊流流动形态，一定的水压通过合理的喷嘴结构实现沿喷嘴宽度方向的流量均匀分布，可有效避免前述层流形态水流流量分布可控性低的问题。在冷却机理上，水幕冷却并未脱离开依靠水流自重形成幕状层流实现钢板冷却的层流冷却机理；而狭缝式喷嘴通过一定压力的射流冲击到钢板表面，基于射流冲击和核态沸腾换热实现高强度冷却。

基于理论研究与实践应用结果，根据两类喷嘴结构特征的差异，形成合理的冷却强度搭配，通过沿轧线方向的合理布置，为保证高温板带钢冷却过程中宽向、纵向的冷却均匀性奠定了基础。

2.3.3 热轧板带钢超快速冷却成套技术装备研制

满足大型热连轧生产线具有设备结构紧凑、轧制节奏快、带钢运行速度高、工艺稳定性要求高等特点，是开发研制热连轧轧线超快速冷却装备核心难题。尤其是在带钢高速运行条件下（通常达 7~10m/s），实现超快速冷却过程的冷却水的有效控制非常困难。东北大学 RAL 在实现热轧板带钢射流喷嘴结构突破基础上，通过开发出超快速冷却保护机构、倾翻设备、冷却介质流量快速设定控制、轧线方向流量分区域控制以及软水封等技术，成功解决了超快速冷却技术的工程应用技术难题。本研究开发的大型热轧板带钢超快速冷却成套技术装备如图 2-7 所示。

图 2-7 RAL 自主创新开发的热连轧线超快速冷却系统

2.4 超快速冷却技术指标对比

2.4.1 超快冷工艺技术应用

超快速冷却技术具有高强度冷却能力，为热轧板带钢轧制过程的温度高效控制提供了条件。根据工艺需要，在热轧板带钢生产线上，超快速冷却技术的工艺应用有四种布置方式，即粗轧机前、后及精轧机架间冷却两种轧制控温工艺，以及轧后前置式超快速冷却及轧后后置式超快速冷却两种轧后冷却工艺，如图 2-8 所示。

超快速冷却技术除用于轧后冷却方式外，对于布置在粗轧及精轧机间的轧制控温工艺，通过增设超快冷设备进行控温轧制，在工艺上将具有如下优势：

（1）典型钢种的控温轧制：进轧温度有特殊要求的钢种，如管线钢、IF钢铁素体区轧制等，可减少空冷摆动待温时间，有效提高轧制节奏。

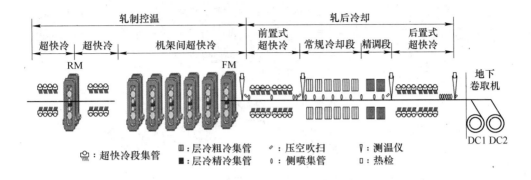

图 2-8　超快速冷却工艺应用布置示意图

（2）通过增设均匀化冷却装置，提高钢板横向、纵向、温度的均匀性，提高产品全板性能的稳定性和均匀性，减少切损，提高质量。

（3）实现差温轧制，促进心部变形：增设的冷却设备，冷却过程可使轧件表面与心部存在温度差，形成轧制过程的差温轧制，进而促进心部变形，改善心部组织，提高产品综合力学性能。

（4）减少板坯头尾温差，尽可能实现热轧带钢轧制过程的匀速轧制，提高带钢通长方向的性能均匀性。

（5）细化表面晶粒，提高产品抗撕裂韧性：通过冷却，实现轧制过程的表面晶粒细化，有助于开发表面细晶的产品。

通过采用粗轧区域控温冷却技术实现控温轧制，对于企业部分中厚规格的钢板，产品力学性能可以提高 30～50MPa 以上，预计有望降低成本 30～50 元/吨钢。同时减少管线等典型钢种待温时间，使企业轧机典型产品生产效率有望在现有基础上提高 10%～30%，每年可释放 10 万～15 万吨的产能。同时对于开发具有表面细晶效果的新产品，进一步提高和改善综合力学性能，均有重要意义。

2.4.2　工业化装备

东北大学 RAL 自主开发的超快速冷却装备如图 2-9 所示。目前，国内外相关超快速冷却或加强型冷却装备的设备形式如图 2-10 所示。从图 2-9 和图 2-10 可以看出，东北大学 RAL 自主开发的首钢迁钢 2160mm 热连轧线的超快

图 2-9　东北大学 RAL 自主开发的超快速冷却装备

图 2-10　国内外开发的其他超快速冷却设备

a—国外开发的加密层冷却装备；b，c—国外某超快冷装备；d—国内某线引进的超快速冷却装备

速冷却设备在设备结构、功能及冷却水的有效控制等方面全面领先其他设备水平。

2.4.3　冷却速率

与传统常规层流冷却相比，东北大学 RAL 自主开发的热轧板带钢超快速冷却系统冷却速率可达常规层流冷却的 2~5 倍以上，是国外知名冶金装备公司开发的加密冷却系统的 1.5~2 倍以上，如图 2-11 所示。

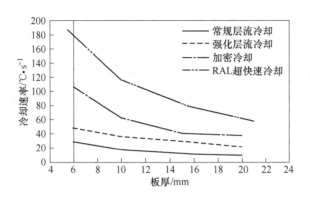

图 2-11 不同冷却设备条件下的冷却速率对比

2.4.4 冷却均匀性

热轧板带钢冷却后的板形是冷却过程均匀性与否的直接表征。首钢迁钢 2160mm 热连轧线的超快速冷却系统投产后，显著改善高级别管线钢的板形控制效果，为高平直度管线钢的开发生产提供了装备支撑。采用超快速冷却生产与单独采用层流冷却生产 X80 管线钢板形对比如图 2-12 所示。

图 2-12 X80 管线钢板形对比

a—传统层流冷却的带钢板形；b—应用 RAL 超快速冷却后的带钢板形

2.5 本章小结

本章基于超快速冷却机理及装备技术的系统研究，开发了以超快速冷却为核心的新一代 TMCP 技术成套装备及关键工艺技术。开发的超快速冷却喷嘴结构解决了热轧钢板高强度冷却过程中板材高冷却速率、高冷却均匀性等难题。热轧板带钢超快速冷却成套技术装备，满足了大型热连轧生产线复杂工况的生产要求，具有极高的冷却能力及高的系统稳定性，并已成功应用于涟钢、首钢迁钢、首钢京唐、包钢等热连轧生产线。

3 工艺模型自动化控制系统及
关键技术的开发

当前大型热连轧机生产线控制冷却系统均是面向层流冷却设备开发建立的相关数学模型及工艺自动控制模式。轧线增设超快速冷却系统后，由于超快速冷却系统板带钢冷却机理、冷却速率以及冷速可调节范围等变化很大，基于层流冷却机理的原有板带钢冷却模型及控制系统已不能满足新型控制冷却系统的需要。热轧板带钢生产线因超快速冷却系统长度通常较短，为开发和实现更为灵活的冷却路径控制，须与层流冷却系统实现有机结合。为满足现代化热连轧线生产过程工艺自动化控制要求，必须开发涵盖超快速冷却系统、层流冷却系统在内的一体化新型轧后控制冷却数学模型，以满足热轧板带钢生产过程的高精度控制需求。

为实现增设超快速冷却系统后的新型轧后冷却系统工艺自动控制，从控制系统实际应用角度，主要技术难点包括与原有国外引进控制系统之间的数据通讯、新型轧后冷却控制模型建立以及控制系统在线调试更新完善等在内的系列技术难题，这既是超快速冷却自动控制技术开发的重点内容，同时也是实际开发应用中主要的技术难点。

此外，为提高轧制效率，热连轧线通常采用升速轧制工艺。为此，必须开发出基于超快速冷却工艺、面向升速轧制的新一代轧后控制冷却系统，并实现新的控制冷却系统与原有轧线控制系统（轧机、层流冷却、卷取等设备控制系统）的无缝衔接，完成原有控制冷却系统的升级完善。为实现钢板的组织调控，新增超快冷系统后，还需实现超快冷条件下动态相变温度点的精确控制。

3.1 RAL 轧后冷却控制技术开发进展

2009 ~ 2011 年，为配合湖南华菱涟钢 2250mm 生产线和 1780mm CSP 生

产线超快速冷却项目的顺利实施，东北大学 RAL 在总结前期层流冷却控制系统经验的基础上，对热轧板带钢轧后冷却控制系统进行了全面的技术升级，开发了面向前置式超快速冷却和升速轧制的新一代轧后冷却控制系统。在系统结构上，该系统可与日本 TMEIC 的层流冷却控制系统并行运行，实现了与 TMEIC 控制系统的无缝连接。经过上线调试及实践应用，东北大学 RAL 新一代轧后冷却控制系统成功实现了前置式超快速冷却温度和卷取温度多目标高精度控制。

继湖南华菱涟钢超快速冷却技术开发项目之后，2012 年首钢迁钢 2160mm 生产线进行了超快速冷却技术改造，经过东北大学和首钢技术人员的共同努力，成功实现了东北大学轧后冷却控制系统与 SIEMENS 控制系统的无缝对接。由于 SIEMENS 精轧控制系统把调速作为控制精轧出口温度 FDT 的主要手段，精轧机架间冷却水不参与终轧温度的动态控制，导致轧制速度经常大幅度波动。为了适应精轧机组控制系统的这种大速度波动，东北大学技术人员经过潜心研究探索，依托于新一代轧后冷却控制系统进行研究开发，实现了轧后输出辊道各冷却区段温度的软测量和动态监控，并以此为基础开发了多重速度补偿技术，该技术与 TVD 曲线预测技术及 PI 温度反馈控制技术紧密结合，有效提高了大速度波动条件下的轧后冷却温度控制精度。

3.2 轧后冷却控制系统概况

超快速冷却控制系统主要分为过程自动化（L2）、基础自动化（L1）以及现场控制级（L0），控制系统构成如图 3-1 所示。

控制系统采用层次结构，自上向下由高档 PC 服务器、智能终端和打印机构成过程控制级。接收精轧过程机的 PDI 及精轧设定数据，根据钢种、厚度、速度等信息计算轧后冷却的集管流量及控制组态，并根据现场波动采用前馈控制、PID 反馈控制及自学习为主的自适应控制策略，用以实现工艺设定温度的高精度控制。由高性能 PLC 或通用控制器组成基础自动化，用以实现带钢的位置及样本的跟踪；采用模糊 PID 控制实现各集管流量的高精度控制等功能。由 HMI 工作站及网络打印机组成操作站级，实现正常生产过程中控制参数的监控、带钢跟踪信息的监控、工艺设定参数的修改、故障报警与记录

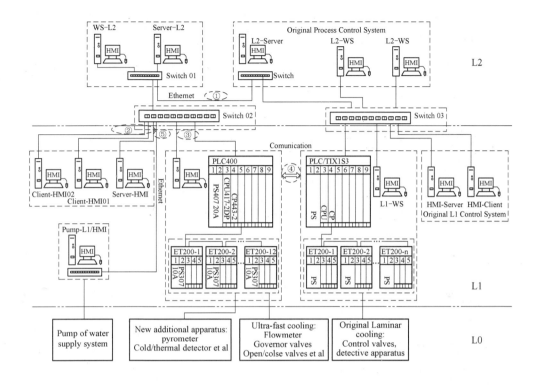

图 3-1　自动化控制系统结构配置图

等功能。同时，实现轧线超快速冷却系统与供水泵站的高速通讯，用以实现正常生产过程中泵站关键参数的监控，提高生产过程中对水资源及电能的利用率，节约资源。

3.2.1　L2 级控制系统主要功能

控制系统功能主要包括原始数据及轧机设定数据的接收、物料跟踪及任务的调度、模型设定计算、模型自适应计算及系统监控与维护等功能。

3.2.1.1　原始数据及轧机设定数据的接收

数据接收主要包括三部分：（1）带钢 PDI 及精轧设定计算数据的接收；（2）轧制过程中，带钢实测速度、温度等实测数据及跟踪信息的接收；（3）操作工通过 HMI 对工艺设定数据的临时干预数据。

带钢 PDI 及精轧设定数据的接收，采用 TCP/IP 协议进行通信。网络协议遵守 OSI 模型的物理和数据链路层的 IEEE802 标准。当带钢板坯到达特定位置，根据接收到的信息，进行计算；根据板坯位置跟踪分别启动程序各控制模块。

轧制过程中，带钢实测速度、温度等信息的接收采用 TCP/IP 协议。所接收到的数据为模型计算提供原始数据，带钢跟踪信息为各功能模块的启动与停止提供时序。

与 HMI 的通讯采用 TCP/IP 协议。在各板坯到达精轧设定计算机架前，通过操作工对工艺制度的修改，传送至模型相应模块，模型计算过程中，根据修改后的工艺制度进行计算。

3.2.1.2 物料跟踪及任务的调度

过程计算机依据现场检测仪表信号，对板坯在精轧区、冷却区的带钢进行位置跟踪，依据板坯的跟踪信息触发模型设定计算及自适应计算，并将模型设定计算的控制信息发送至基础自动化，实现对现场控制元件的控制。同时，模型将相关数据发送至 HMI，用于生产过程监控。

轧后冷却模型主要分为预设定计算模块、动态设定计算模块、速度前馈模块、自学习模块、反馈控制模块 5 部分，各模块启动时序如图 3-2 所示。

3.2.1.3 模型设定计算

模型设定计算主要包括预设定计算和动态设定计算。当板坯到达精轧机出口高温计之前，当带钢收到 PDI 及精轧设定数据时，均启动预设定计算。并依据板坯具体位置，分别下发计算控制信息至 PLC 及 HMI。当板坯头部到达固定位置时，模型启动动态修正设定计算，并将控制信息发送至 PLC 及 HMI。

（1）预设定计算触发。预设定计算的主要功能是根据带钢精轧出口预报温度、速度、带钢目标厚度、带钢厚度预报值、卷取目标温度及冷却控制策略等进行轧后冷却控制设定计算。其计算流程如图 3-3 所示。

（2）动态修正设定计算触发。收集每个样本点的实际数据，根据实测样

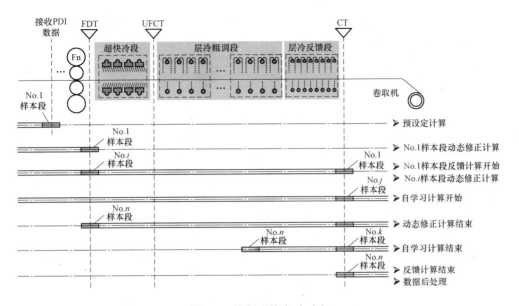

图 3-2　控制系统启动时序

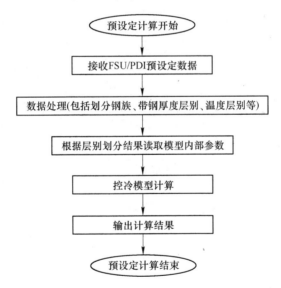

图 3-3　预设定计算流程图

本的终轧温度、带钢实际速度和实际厚度，为达到目标工艺设定温度进行集管组态的计算。动态修正设定计算是一个不断进行的周期计算过程，它可根据终轧温度和速度的变化情况，计算与此变化相对应的集管组态，并实现对冷却区上所有控制点的集管组态进行编辑输出。

修正设定计算的任务是根据选定的控制模式，计算相应的喷水集管组态。带钢通过精轧出口处测温仪时，根据实测各段的平均终轧温度、速度和厚度，利用工艺过程模型，计算各个区段的特有组态，同时由跟踪系统启动动态设定计算并确定输出时刻。

动态修正设定过程中，需要及时调整沿轧件长度上的各段的相应喷水组态，控制水阀的开闭，从而获得相应的工艺设定温度等。其功能包括温度补偿、热头热尾控制等，其流程图如图3-4所示。

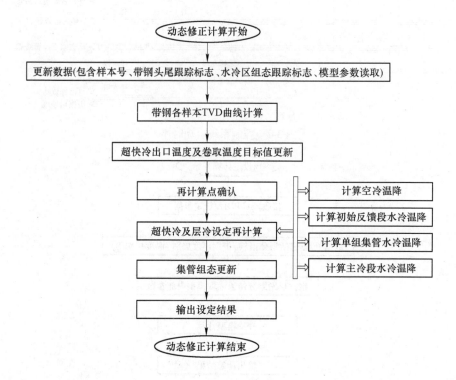

图3-4 动态设定流程图

3.2.1.4 模型自适应计算

模型自适应计算主要包括反馈控制和自学习计算。其中反馈控制计算主要采用PID反馈控制；自学习计算涵盖多个温度控制点的自学习，主要包括超快速冷却出口温度UFCT及卷取温度CT的自学习。

（1）反馈控制功能触发。根据当前带钢卷取温度的实测值与目标值

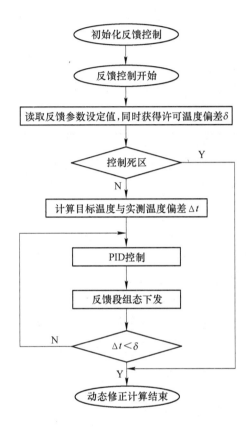

之间的偏差，采用 PI 控制，通过控制层流冷却反馈段的冷却水量来消除温度偏差，以提高当前带钢的卷取温度精度，流程图如图 3-5 所示。

初始化反馈控制

反馈控制开始

读取反馈参数设定值,同时获得许可温度偏差δ

控制死区 Y

N

计算目标温度与实测温度偏差 Δt

PID控制

反馈段组态下发

$\Delta t < \delta$ N

Y

动态修正计算结束

图 3-5　反馈控制流程图

（2）自学习计算触发。为了提高带钢卷取温度控制精度，增强控制模型的适应性，模型采用了自学习功能。其基本原理是，根据当前带钢卷取温度的实测值和计算值之间的偏差，采用适当的修正算法，对控制模型中的重要调整参数即热流束系数进行修正，以提高模型对后续带钢的 UFCT 及 CT 控制精度。

卷取温度模型的自学习在三个部分进行：带钢头部、带钢中间稳定段、带钢尾部，如图 3-6 所示。

模型自学习过程如图 3-7 所示。

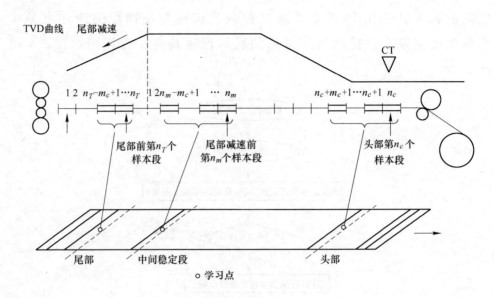

图 3-6 自学习点的确定

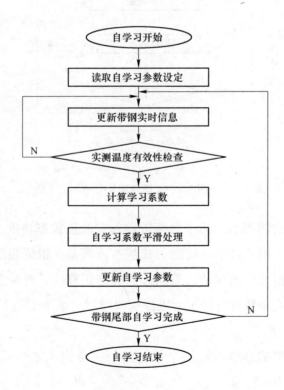

图 3-7 自学习计算流程图

3.2.1.5 速度曲线计算及修正

带钢在热轧过程中一般采用升速轧制制度，以减轻带钢在精轧出口处的头尾温差（头部温度高、尾部温度低）。所开发的超快速冷却控制系统的速度处理方式，根据现场实际，尽可能趋近精轧机的速度制度。同时对于精轧机出口速度的波动应进行在线补偿，即带钢速度出现波动后，需要修正调节一定的冷却水量以补偿该波动所引起的温度偏差。因此，充分利用轧制过程中各个时刻的带钢实测速度，来动态跟踪各样本段在整个冷却区的实际速度，是在线速度补偿的核心思想。

轧机在升速轧制过程中，对已经进入冷却区样本的带钢速度进行修正，使模型计算各样本段温度时所使用的速度与带钢在输出辊道上的实际速度一致，有效地提高了升速轧制过程中的温度控制精度。

3.2.1.6 冷却路径的控制

为满足不同产品对卷取温度的要求，轧后冷却系统具有多种冷却策略，以实现带钢冷却路径的控制。配备超快速冷却的轧后控制冷却系统的冷却能力以及适应性大为增强，根据实际生产和产品开发需要，可开发出灵活多样的冷却策略。与传统层流冷却相比，超快速冷却系统开发出多样的冷却策略，具体对比如表3-1及图3-8所示。

表3-1 超快速冷却系统与传统层流冷却系统冷却策略对比

冷却策略	传统层流冷却	超快速冷却
前段主冷策略	前段主冷	超快速冷却＋层流前段主冷
后段主冷策略	后段主冷	超快速冷却＋层流后段主冷
稀疏冷却策略	前段/后段稀疏	超快速冷却＋层流前段/后段稀疏

3.2.2 L1 级控制系统主要功能

L1级控制系统主要依据操作工干预、现场实测信号、L2级下发指令等信息，实现带钢跟踪、超快速冷却水压及水量控制、超快速冷却设备控制、集管开闭等控制功能。

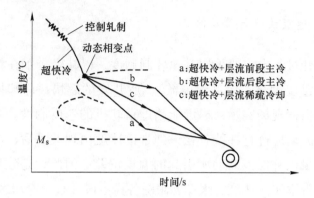

图 3-8　不同冷却策略下温度变化情况

3.2.2.1　倾翻控制

在超快速冷却投入使用之前需要将倾翻机构落下，设备就位。出现精轧急停或卷取急停等设备故障的时候，倾翻机构将自动抬起，超快速冷却每个倾翻机构的抬起和落下分别单独控制。

3.2.2.2　侧喷及压空吹扫控制

侧喷及压空吹扫采用 HMI 上的按钮控制，同时具备自动控制开闭功能。侧喷及压空吹扫自动控制功能根据带钢位置跟踪进行开启，控制模式的选择在 HMI 可以进行设置。

3.2.2.3　气动开闭阀控制

气动开闭阀分为自动控制和手动控制两种模式，自动控制一般用于带钢的在线冷却过程控制，手动控制方式主要用于各个冷却集管的手动测试工作。在自动控制方式下，带钢根据过程自动化控制信息执行时序，气动开闭阀依次开启，当带钢尾部到达所指定的位置时气动开闭阀关闭。

3.2.2.4　喷嘴流量控制

每个喷嘴的流量进行单独控制，在流量控制时需要在压力一定的情况下标定调节阀开口度和喷嘴流量。控制过程中，根据标定值采用插值法进行快速设定。

在不同控冷模式下均可进行喷嘴流量的控制，在 L2 向 PLC 中发出流量控制开始信号后流量控制开始，基础自动化根据流量设定值与实际值偏差，采用特定的算法，实现流量的闭环控制。

为了方便工作人员进行设备的测试工作，程序中设计了手动测试程序，在 HMI 轧后冷却控制系统手动测试画面上可以进行各个集管的手动测试工作。

3.2.2.5 恒压供水控制

超快速冷却系统需要确保水压稳定，根据水压设定值与实际值的差值，由基础自动化自动实现水的恒压控制。

根据带钢头部位置跟踪，当带钢头部到达固定位置后，根据水压偏差值的大小进行动态调整；当带钢尾部通过设备后，动态调节停止，整个过程将随带钢冷却过程循环往复进行。

3.2.2.6 带钢头尾位置跟踪

为了满足超快速冷却系统控制要求，需要在轧后冷却区完成带钢头尾位置跟踪，并根据带钢头部位置进行逻辑计算，确定出过程自动化所需关键位置信号，并将样本号、FDT、UFCT 和 CT 信号发送至 L2 供模型自学习等使用。

3.2.2.7 系统通讯

系统通讯主要包括 L1 和 HMI 之间的通讯、L1 和 L2 之间的通讯、UFC L1 和层流冷却 L1 之间的通讯。

3.2.2.8 报警功能

在超快速冷却投入之后对于可能出现的操作问题，设计有报警程序。在出现了上述问题之后，在 HMI 界面上将会出现红色的闪烁的报警指示器，并进行故障诊断。

3.2.2.9 数据采集功能

在控制区域采用传感器等仪表监控工艺过程所需的数据，包括带钢温度、各冷却集管流量、冷却水压力、阀门开口度和冷却水温等，并传输至控制程序计算和 HMI 画面显示使用。

3.2.2.10 HMI 操作界面

HMI 用于操作超快速冷却设备，并用于数据显示功能，共分为以下 6 个操作画面：

（1）主画面。在轧后冷却控制系统的主画面中可以执行相应的控制功能并显示一些重要的系统数据供工作人员参考。主要包括 PDI 数据显示、限位控制、侧喷控制、控制方式选择、功能选择、高温计数据显示、超快速冷却及层流冷却集管状态显示、侧喷状态显示、带钢位置显示、超快速冷却流量及开口度显示、超快速冷却压力设定功能等。

（2）L2 级设定画面。L2 级设定画面中，可以显示当前带钢的 PDI 数据与下一卷带钢的 PDI 数据，以及相应的集管组态，如当前卷的 L2 预设定组态、L2 动态设定组态、层流冷却实时组态和下一卷带钢的预设定组态等。

（3）集管状态画面。轧线集管可能存在故障而不能正常使用，为了不影响生产在程序中设置了故障集管，如果某个集管不能正常工作，则可将其设置为不可用，此时控制系统将不再对其发送开启的指令。

（4）手动测试画面。手动测试画面用于对各个冷却集管和侧喷集管的手动测试工作，同时可判断管路是否存在故障。

（5）趋势画面。趋势画面主要显示温度趋势、超快速冷却水比、速度趋势和压力等趋势。

（6）报警画面。主要用于显示设备故障状态。

3.3 轧后冷却控制关键技术

轧线新增超快速冷却系统后，由于超快速冷却系统冷却机理与传统层流冷却机理不同，基于层流冷却机理的传统板带钢冷却模型及控制系统已不能满足新型控制冷却系统的需要。在冷却过程控制上，主要有如下技术难题：

（1）超快速冷却控制系统与轧线原有控制系统的无缝衔接。由于目前钢铁产能过剩，投资新建的热轧生产线较少，超快速冷却技术推广应用过程中，遇到更多面临的是产线技术升级和改造，为此必须实现超快速冷却控制系统与轧线原有控制系统的无缝衔接。目前国内大多数热连轧线尤其是 2000mm 以上宽度级别的热轧板带钢生产线，轧线控制系统很多均为国外引进。将自主开发的轧后冷却控制系统，嵌入到现有外方的控制系统网络中，除了需要解决系统间的通讯问题，轧后冷却控制系统还要与精轧机控制系统的控制理念相匹配。

（2）轧后冷却多目标高精度控制技术。轧后冷却工艺设定温度是热轧板带钢过程控制的重要组成部分。为了确保热轧板带钢各项力学性能，获得合理的组织结构，在生产过程中，需要实现冷却过程中超快冷出口温度、卷取温度的高精度控制。与传统层流冷却系统相比，超快速冷却系统采用有压射流方式冷却带钢表面，通过充分打破带钢表面与冷却水之间汽膜实现高效率冷却。超快速冷却工艺条件下，根据动态相变点实现冷却路径的准确控制是提高带钢综合力学性能的关键。即在低成本、高性能带钢生产过程中，轧后冷却过程超快冷出口温度（UFCT）和卷取温度（CT）的高精度控制是保证带钢力学性能的最重要因素。因此，与传统层流冷却相比，需要实现包括 UFCT 和 CT 在内的多目标温度的精确控制。

（3）速度波动条件下的轧后冷却温度高精度控制。影响带钢轧后冷却温度的因素包括带钢的化学成分、厚度、速度、板形，冷却水的水量、水压及水温以及终轧温度等，其中带钢速度具有很强的时变性，速度的波动不但影响带钢通过冷却区的时间，而且还会影响冷却集管的水冷换热系数。在精轧机抛钢之前，带钢在轧后冷却区的速度取决于精轧机的速度制度。对于以调节精轧机架间冷却水作为主要手段来控制终轧温度 FDT 的轧线，通常会按预定的速度制度进行控制，该类控制模式下，带钢速度波动所带来的温度偏差可以很好地通过前馈控制方法进行消除。但是由于调节机架间冷却水控制FDT，具有大滞后的特点，远没有调速方法控制FDT快速有效，所以大多数精轧机控制系统通常将调节机架间冷却水和调速两种方法结合使用，甚至有的生产线单一使用调速方法来控制FDT。在该控制模式下，速度的波动是随机不可预测的，并且通常波动范围也较大，这种速度波动对轧后冷却温度控制精度的影响几乎是致命的，是目前热轧板带钢轧后冷却温度控制技术的重点和难点。

（4）压力流量的高精度控制。正常生产过程中，超快速冷却段采用有压射流冷却方式，有效打破带钢表面汽膜，实现高效冷却。冷却介质压力一方面直接影响集管流量，同时直接影响超快速冷却段水冷换热系数大小。因此，冷却介质压力的稳定性及各集管流量的准确性均直接影响超快速冷却出口温度UFCT的控制精度。为实现UFCT的高精度控制，在需要模型精确计算、自适应计算等控制策略的同时，还需要对冷却介质供水系统稳定性、冷却介质压力控制策略、流量控制策略以及冷却介质压力和流量的解耦控制策略等进行系统研究，实现冷却介质精度控制，消除正常生产中冷却介质波动对UFCT精度控制造成的影响。

（5）满足多种产品需要的冷却策略。超快速冷却设备具有冷却速度大范围无级可调等优点，为实现丰富多彩的轧后冷却路径控制提供了有利条件。在原有层流冷却策略的基础上，具备了实现前段主冷、后段主冷、两段冷却等多种策略的装备条件，这就要求在控制系统上需具备满足多种工艺需求的冷却策略。

3.3.1 超快速冷却控制系统与轧线原有控制系统的无缝衔接

轧线新增超快速冷却系统后，轧线产品工艺的实现，需要控制系统实现超快速冷却区域设备和层流冷却设备的一体化控制。因此，超快速冷却系统需要与轧线原有控制系统实现无缝衔接，进行数据交换。

湖南华菱涟钢2250mm生产线和1780mm CSP生产线采用TMEIC控制系统，首钢迁钢2160mm热轧线采用SIEMENS控制系统，就热轧板带钢控制系统而言，这两个国际知名的电气商极具代表性。RAL 针对 TMEIC 和 SIEMENS 两套控制系统特点进行了研究、分析，并设计出适合不同控制系统的控制系统衔接方案。

新增超快速冷却控制系统在通讯接口设计上，充分利用原有系统接口数据，在冷却策略和冷却工艺上与原有层流冷却控制系统保持高度一致。该方案成功解决了新增控制系统与轧线原有控制系统的衔接及调试期间可能存在的工艺适应性问题，避免了生产过程的工艺波动。

（1）轧后冷却控制系统与 TMEIC 控制系统的无缝衔接。轧后冷却控制系统与 TMEIC 控制系统通讯，主要包括二级通讯和一级通讯两部分。一是超快速冷却过程自动化控制系统（UFC-L2）与轧线原有过程自动化控制系统（TMEIC-L2）进行通讯，简称二级通讯；二是超快速冷却基础自动化控制系统（UFC-L1）与轧线原有基础自动化控制系统（TMEIC-L1）进行通讯，简称一级通讯。

二级通讯采用 TCP/IP 方式，分别负责数据的发送与接收。一级通讯采用 DP 通讯方式，分别负责数据的发送与接收。东北大学 RAL 新一代轧后冷却控制系统与原层流冷却控制系统采用并行方案，可并行使用。

（2）轧后冷却控制系统与 SIEMENS 控制系统的无缝衔接。轧后冷却控制系统与 SIEMENS 控制系统的通讯，同样包括二级通讯和一级通讯两部分。二级通讯是指超快速冷却过程自动化控制系统（UFC-L2）与轧线原有过程自动化控制系统（SIEMENS-L2）进行的数据通讯；一级通讯是指超快速冷却基础自动化控制系统（UFC-L1）与轧线原有基础自动化控制系统（SIEMENS-L1）进行的数据通讯。

二级通讯采用 TCP/IP 方式，分别负责数据的发送与接收。一级通讯采用 Ethernet 通讯方式，分别负责数据的发送与接收。在正常过程中，两个控制系统设计采用并行方案，可并行使用。

3.3.2 轧后冷却多目标高精度控制技术

依据超快速冷却系统工艺布置特点及生产过程中工艺需求，在冷却过程中，需要同时控制 UFCT 与 CT。UFCT 为冷却区上游工艺温度控制点，CT 为冷却区下游工艺温度控制点，UFCT 控制稳定性直接影响 CT 控制稳定性。超快速冷却系统冷却速率高，随着带钢厚度的增加，冷却过程中带钢厚度方向温度梯度逐渐明显，带钢内部热传导造成的返温现象逐渐增强，进而导致卷取温度计算偏差的产生，影响卷取温度的精确控制。

此外，在温度计算时，系统首先计算 UFCT，在计算 UFCT 的基础上计算 CT。在 UFCT 计算出现偏差时，CT 的调节受滞后环节的影响，若温度调节不及时或不灵敏，易导致带钢长度方向温度的波动。由于控制目标数量的增加，在批量生产过程中，增加了控制的难度。

因此，在多目标控制过程中，须充分考虑以上因素，消除 UFCT 控制对 CT 控制的影响，提高 UFCT 与 CT 控制精度，增强系统运行的稳定性。

（1）超快速冷却过程温度计算模型的建立。为了接近现场实际生产过程，实验室试验过程中选取用热轧板带钢生产线的普碳钢 Q345B 作为试样钢板。试样尺寸为 20mm × 160mm × 400mm，为避免冷却水的干扰，在钢板厚度方向不同位置预钻一定尺寸的小孔，用来测量温度，如图 3-9 所示。

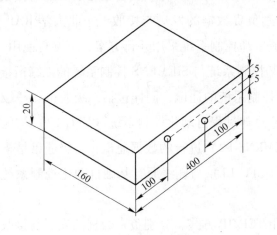

图 3-9 测温点示意图

采用直径为 3mm 的热电偶进行测量。在实验室自行开发的超快速冷却装置上进行冷却实验，整个冷却过程的水温、水压、钢板温度、钢板运行速度等数据，以 100ms 的时间间隔采集数据。试样在炉内加热到 1100~1200℃，把试样取出待温度降到 800~860℃时，以不同速度通过超快速冷却设备，至不同终冷温度，测量带钢冷却过程中厚度方向各测温点的温度变化情况。

分别测量换热系数随带钢速度、板坯温度、水温、水压变化规律，得出水冷换热系数随以上参数变化规律，如式（3-1）所示。

$$\alpha_w = \frac{A_1 q}{h A_2} \exp\left[-A_3 \cdot (T - T_W)\right] \cdot (1 + K_W \Delta T_W + K_V \Delta V + K_P \Delta P) \quad (3\text{-}1)$$

式中　　　　q——冷却区水流密度，$\text{L}/(\text{h} \cdot \text{m}^2)$；

　　　　　　h——带钢厚度，m；

　　$A_1 \sim A_3$——模型系数；

K_W, K_V, K_P——水温、速度和压力修正项模型系数；

　　　　　ΔP——水压波动量，MPa；

　　　　ΔT_W——水温波动量，℃；

　　　　　ΔV——带钢速度波动量，m/s。

（2）超快速冷却出口温度新型滤波技术的开发。在实际生产过程中，超快速冷却出口温度（UFCT）是一个至关重要的工艺温度控制点。同时 UFCT 的控制精度直接影响到后续卷取温度（CT）的控制精度，因此，超快速冷却出口的温度高精度控制最为关键。

为了实现 UFCT 的高精度控制，需要获得准确的 UFCT 实际值，避免因为测量等偏差造成模型控制失准。为此，开发了 UFCT 温度滤波技术。

开发的新型滤波技术不但考虑了通常所用的限幅滤波技术、平均值滤波技术，同时采用了平滑系数修正滤波算法。在考虑到限幅与平均值滤波的基础上，加入平滑系数修正滤波算法，根据实际温度测量环境，采用适当的平滑系数。滤波算法如图 3-10 所示，相关算法如式（3-2）、式（3-3）所示。

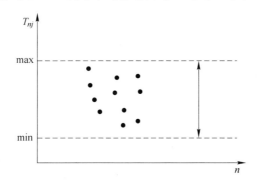

图 3-10　限幅滤波技术

$$\overline{T}_n = \left[\sum_{i=1}^{s} T_n - \max(T_n) - \min(T_n) \right] / (n - 2) \tag{3-2}$$

$$\overline{T} = \alpha \overline{T}_n + (1 - \alpha) \overline{T}_{n-1} \tag{3-3}$$

（3）超快速冷却条件下卷取温度的计算方法。按"定长"将带钢分为若干样本段，并按相同的长度将冷却区划分为 n 个区域，如图 3-11 所示。每当一个新的带钢样本段到达精轧机出口高温计 FDT 时，轧后冷却温度控制系统根据实测的精轧出口温度、速度、加速度、超快速冷却出口目标温度、目标卷取温度等，调用温度计算模型，确定该带钢样本段所需的超快速冷却和层流集管开启状态。而在不同时刻每个冷却区的集管开启状态由对应的带钢样本段的换热过程来决定。

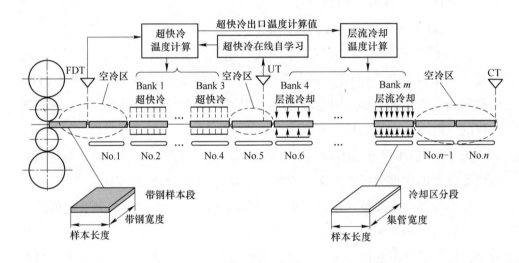

图 3-11　超快速冷却条件下的卷取温度计算方法

当带钢样本到达 FDT 时，进行层流冷却区的温度计算；同时采用超快速冷却在线自学习的方法，使超快速冷却出口温度计算值无限接近实测值，从而保证卷取温度计算精度。

（4）超快速冷却"返红"对卷取温度控制精度的影响。热轧板带钢在轧后的超快速冷却过程中，由于表面骤冷，带钢厚度方向表面和中心会形成较大的温度梯度，在快速冷却结束后的短时内，由于带钢内部热传导作用，会出现已经被冷却的表面温度再次升高的现象，现场称为"返红"。采用一维有限差分法，结合现场超快速冷却生产实际数据，对不同钢种及厚度规格的产品的"返红"进行了模拟计算，以厚规格 Q345 产品为例，计算结果如图 3-12 所示。从图中可以看出在超快速冷却集管出口处，带钢表面和中心存在一定的温差。

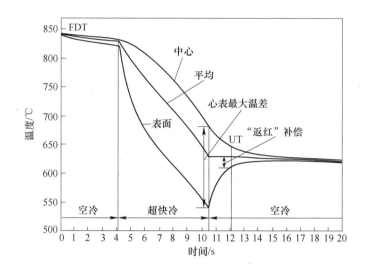

图 3-12 超快速冷却"返红"模拟计算曲线

由于当每个新的带钢样本段到达精轧出口高温计 FDT 时，就需要对该样本段的超快速冷却及层流冷却温度进行计算，这时该样本段尚未获得超快速冷却出口实测温度，而在前述超快速冷却换热系数自学习机制的作用下，超快速冷却出口温度模型计算值和超快速冷却出口实测温度能很好地吻合，所以可以用超快速冷却出口温度模型计算值作为层流冷却的入口温度。对于超快速冷却出口测温点带钢存在的"返红"问题，采用一定的数值计算方法进行补偿，实现了精确的卷取温度控制，如图 3-13 所示。

3.3.3　速度波动条件下的轧后冷却温度高精度控制技术

超快速冷却出口温度与卷取温度是热轧生产过程中最重要的控制参数之一，为了实现对 UFCT 与 CT 的高精度控制，在建立适用于现场应用的数学控制模型和采用多种控制策略的同时，需要对影响控制精度的诸多因素进行研究。在影响带钢温度控制精度的诸多因素之中，带钢速度具有时变性，特别是在升速轧制的情况下，带钢样本表面换热系数与样本通过各冷却区的冷却

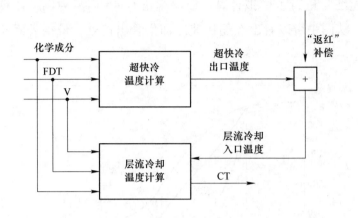

图 3-13 超快速冷却出口"返红"补偿方法

时间差别较大，系统需要对变速运动的带钢实现长度方向上温度的高精度控制。在常规热连轧的正常生产过程中，通常采用加速轧制工艺制度。因此，需要对带钢在加速条件下温度控制精度进行深入和系统的研究，建立带钢速度计算策略，精确计算带钢各样本在冷却区内运行历程，消除带钢速度变化对温度控制造成的波动。

（1）TVD 曲线的预测计算方法。现代化的热连轧机通常采用二阶段升速轧制，典型的 TVD（Time-Velocity-Distance）曲线如图 3-14 所示。当精轧机末机架咬钢，经过一段时间的延迟之后，开始一次加速；卷取机咬入经过一段的延迟之后，开始二次加速，加速到最大运行速度，然后保持恒速；当带钢尾部达到指定的减速机架时，开始进行减速，减速到抛钢速度，然后恒速

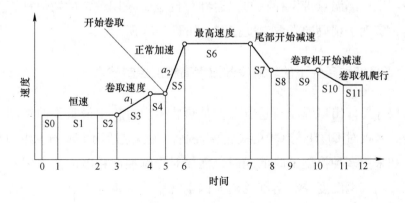

图 3-14 典型的 TVD 曲线

抛钢；当带钢尾部到达卷取机前再次进行减速，减速到卷取机爬行速度。

在精轧设定计算完成后，轧后冷却控制系统根据精轧的设定计算数据预测出带钢的 TVD 曲线；当带钢到达特定位置时，再次根据现场的实际速度、加速度等信息，对 TVD 曲线进行实时修正。

（2）冷却区温度动态监控技术的开发。TVD 曲线的预测和修正计算在一定程度上提高了轧后冷却温度的控制精度，但是由于目前很多热轧线将调速作为控制终轧温度的手段之一，尤其是部分热轧线将调速作为控制终轧温度的唯一手段，易导致轧制速度随机性波动，进而增加轧后冷却温度控制难度。如果实现对冷却区内温度的实时监控，一旦速度发生随机波动，可及时作出相应的补偿措施，减轻温度闭环反馈控制系统的负荷。本项目采用课题组开发的软测量手段，有效实现了温度动态监控。

（3）轧后冷却多重速度补偿控温技术。以轧后冷却区温度的动态在线监控为基础，开发了速度随机波动条件下的多重补偿控温技术，如图 3-15 所示。以卷取温度的控制为例，理论上在冷却区各个位置都可以对这种偏差进行补偿，但是为了保证补偿过程中冷却策略的完整性，轧后冷却控制系统在层流冷却区域特定位置设置多重补偿，有效减低了卷取温度闭环反馈系统的负荷，提高了速度随机波动条件下的卷取温度控制精度。

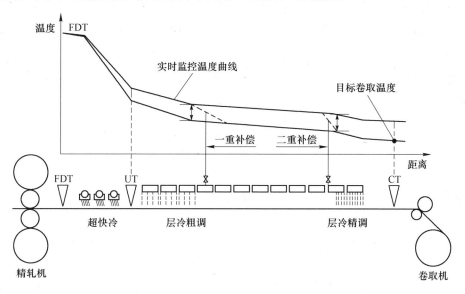

图 3-15　轧后冷却多重速度补偿控温方法

3.3.4　超快速冷却系统压力流量高精度控制技术

超快速冷却控制系统生产过程中，冷却集管流量的稳定性和精确度直接影响温度控制精度，因此，对供水系统的压力及各冷却集管流量控制精度要求较高。超快速冷却系统集管流量的调节是一个相当复杂的过程，热轧板带钢生产过程中运行速度快、自动化程度高，在生产过程中，需保证供水系统压力的稳定性及各集管流量的精度。通过开发的超快速冷却系统压力和流量高精度控制关键技术，实现了压力的稳定调节与流量的精确控制。

热连轧生产线超快速冷却区具有带钢运行速度快、超快速冷却段距离短、冷却强度大等特点，为保证超快速冷却后带钢组织分布均匀和板形良好，冷却介质的控制必须具有高精度和响应速度快等特征。采用 PID 模糊控制及解耦控制的调节方法对冷却介质的流量及压力进行调节。结果表明，基于 PID 模糊控制器和解耦控制的冷却介质调节方法具有调节速度快，控制精度高的特点。

模糊控制是将专家的控制经验和知识表达成语言规则，用规则去控制目标系统，适用于复杂、难以建立准确数学模型的非线性系统的控制。比例环节 P 参数有效的调节控制系统的反应速度，引入积分 I 参数，可使系统进入稳态后无稳态误差，微分参数 D 有效地改善了控制系统在调节过程中的动态特性。PID 调节结构简单、稳定性好、工作可靠、调整方便等。为了使被控对象具有良好的动、静态性能，在传统 PID 的基础上，利用模糊控制规律对 PID 参数进行在线修正，便构成了 PID 参数模糊自整定控制系统。

因此，对整个超快速冷却段流量控制采用具有较高调节精度的 PID 模糊控制的调节方式。PID 模糊控制器结构框图如图 3-16 所示。

3.3.5　满足多种产品需要的冷却策略的开发

轧后冷却过程是奥氏体动态相变的过程，在不同的冷却速率下，形变奥氏体可相变为铁素体、珠光体、贝氏体、马氏体或上述组织的混合复相组织。热轧生产中需根据产品不同的力学性能要求，选择合理的冷却路径和控制策略。因此，需要对轧后冷却策略进行深入而细致的研究，以满足多种产品开

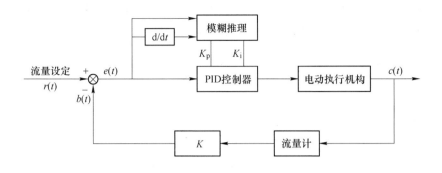

图 3-16 PID 模糊控制器结构框图

发需求。

（1）冷却策略的开发。热轧生产中需根据产品不同的力学性能要求，选择合适的冷却路径。结合热轧板带钢生产工艺实践，轧后冷却控制系统提供了几种常用的冷却方式供用户选择使用，如图 3-17 所示。

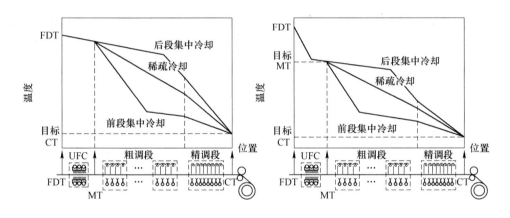

图 3-17 常用冷却方式

除了图 3-17 中给出的几种常用冷却方式外，系统还预留了多种用户自定义冷却方式，原则上可以实现用户所需的任何一种冷却方式。

（2）不同冷却策略下的带钢温度场分布。温度场的分析求解是以数学分析为基础，求解导热微分方程定解问题或其他形式导热问题，得到用函数形式表示的解。可采用微商转换成差商的方法对导热微分方程进行求解。

带钢在超快速冷却的过程中，带钢内部温度变化情况对超快速冷却工艺参数的选择和冷却后带钢的性能具有重要的影响。影响超快速冷却过程温度场变化的工艺参数主要包括带钢运行速度、冷却水水量及带钢的冷却路径等。为此，系统研究了在不同厚度的情况下带钢心部的温度场变化规律，以及在不同组合冷却路径下不同厚度的带钢心部温度场变化情况。为了便于分析和求解，作如下假定：

1）精轧机 F7 出口测温仪处，带钢内部温度分布均匀。

2）以对流换热系数表征带钢冷却过程的冷却强度。在进行冷却过程中，带钢表面的局部换热主要为射流冲击换热、沸腾换热、热辐射、带钢与辊道之间热传导以及空气对流换热方式。为此，在计算过程中，将带钢与其他介质的换热形式的影响归结为带钢表面与冷却水之间的对流换热。

3）在冷却过程中相变潜热与钢种成分、冷却速率等因素密切相关，为了便于分析计算、说明问题又能降低计算过程的复杂程度，在计算过程中忽略相变潜热的影响。

由上述假设，基于冷却过程中的热传导微分方程，对不同厚度下超快速冷却段的温度场、典型厚度采用不同冷却路径时整个冷却过程的温度场进行了研究分析。

在不同的冷却路径下，带钢厚度方向上温度分布不尽相同。采用前段主冷组合冷却、后段主冷组合冷却和稀疏组合冷却等三种不同冷却方式，分析了带钢心部、1/4 处、表面节点处的温度变化规律。研究过程中，基于超快速冷却工艺条件下采用不同组合冷却方式生产的带钢实测数据，对热轧带钢厚度方向上的温度场进行了模拟，数值模拟结果如图 3-18 ~ 图 3-20 所示。

由图 3-18 ~ 图 3-20 的计算模拟结果可知，带钢经超快速冷却后，带钢心部与表面有明显的温度差异，带钢表面出现明显的"返红"现象；带钢越厚，"返红"越明显；"返红"温度对后续层流冷却温度控制作用较明显；不同冷却路径下，带钢心部、1/4 处及表面有不同的温度变化历程，为不同钢种的开发提供了参考。

3.4 本章小结

（1）以湖南华菱涟钢 2250mm 热轧线与首钢迁钢 2160mm 热轧线超快速冷却自动化系统方案为例，介绍了 RAL 超快速冷却自动化控制系统的关键技

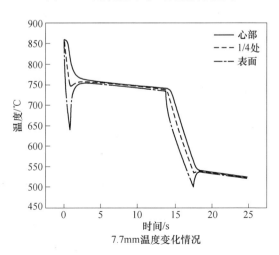

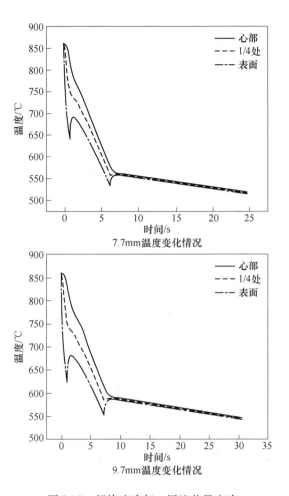

7.7mm温度变化情况

9.7mm温度变化情况

图3-18 超快速冷却+层流前段主冷

7.7mm温度变化情况

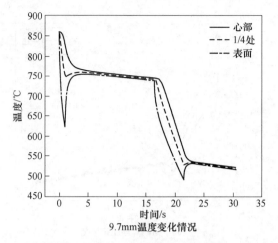

9.7mm温度变化情况

图 3-19　超快速冷却 + 层流后段主冷

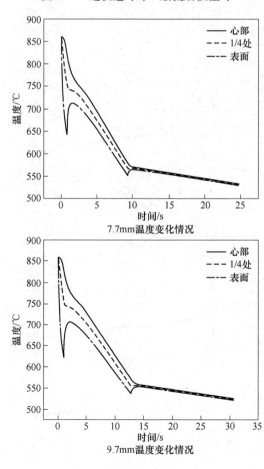

7.7mm温度变化情况

9.7mm温度变化情况

图 3-20　超快速冷却 + 层流稀疏冷却

术。同时，简要介绍了轧后超快速冷却自动化控制系统结构配置、过程自动化主要功能及基础自动化功能。

（2）针对超快速冷却系统控制特点，实现了超快速冷却系统与原有轧线自动化系统的无缝衔接，同时，采用开发的轧后冷却多目标高精度控制技术、速度波动条件下温度高精度控制技术、冷却介质压力与流量高精度控制技术及多种冷却策略等核心关键技术，提高了超快速冷却系统工艺温度控制的精度及系统运行的稳定性。

4 新一代控轧控冷技术的典型应用及工业化实践

基于以超快速冷却为核心的新一代 TMCP 工艺技术，已开发出 UFC-F、UFC-B、UFC-M 及后置式 UFC-DP 等轧后冷却工艺，充分发挥了热轧钢材细晶强化、析出强化、相变强化等多种强化机制的综合作用。体现在产品工艺上，采用超快速冷却工艺技术开发出资源节约型、合金减量化的绿色化热轧带钢产品及工艺技术，使钢中主要合金元素用量节省 20% ~ 30% 以上或实现钢铁材料性能的大幅提升，实现热轧板带钢轧制过程的高效化、减量化、集约化和产品的高品质化，利于钢铁生产的降本增效及提质增效。

4.1 UFC-F 工艺的典型应用及工业化实践

对于普碳低合金钢，在传统层流冷却工艺条件下，为保证热轧板带钢的强韧性能，通常需添加较高含量的 Mn（1.3% ~ 1.6%），部分厂家由于设备条件限制，尚需添加适量的 Nb、V、Ti 等微合金元素。此外，传统普碳低合金钢中的锰含量较高时，在连铸、轧制过程中还易于造成碳锰偏析或形成拉长的 MnS 夹杂，导致心部带状组织严重、纵横向力学性能差异大等问题。而基于超快速冷却技术，针对普碳低合金钢开发的 UFC-F 工艺，可明显增加铁素体的形核率，并抑制晶粒长大，实现明显的晶粒细化，在提高强度的同时仍然保证良好的延伸性能，同时可大幅降低 Mn 含量，实现减量化。

图 4-1 为减量化低 Mn 普碳低合金钢超快速冷却工艺及常规层流冷却工艺下的冷却路径示意图。超快速冷却工艺条件下，热轧后的钢板采用超快速冷却 + 层流冷却的组合冷却模式进行冷却。层流冷却及超快速冷却工艺条件下，Mn 含量 ≤0.4% 的减量化普碳低合金钢典型的力学性能如表 4-1 所示。层流冷却工艺条件下获得的减量化普碳低合金热轧板带钢的屈服强度、抗拉强度

及伸长率分别为313MPa、421MPa及39%，性能未达到Q345性能要求。超快速冷却工艺下获得的减量化普碳低合金热轧板带钢屈服强度及抗拉强度分别提高至391MPa及504MPa，且仍然保持较高的伸长率（35.5%），性能完全满足Q345的力学性能要求。

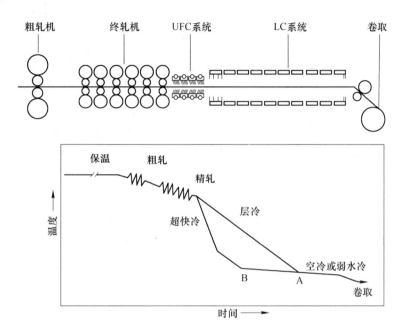

图4-1 超快速冷却工艺及常规层流冷却工艺下的普碳钢冷却路径

表4-1 层流冷却与超快速冷却工艺条件下减量化低 Mn 普碳热轧板带钢力学性能

工 艺	屈服强度/MPa	抗拉强度/MPa	伸长率/%
层流冷却	313	421	39.0
超快速冷却	391	504	35.5

图4-2为层流冷却与超快速冷却工艺条件下减量化普碳低合金热轧板带钢显微组织。层流冷却工艺条件下，热轧板带钢的组织由铁素体和珠光体构成，铁素体平均晶粒尺寸约为6μm（图4-2a）。而超快速冷却可明显增加铁素体的形核率，并抑制晶粒长大，因此可实现明显的晶粒细化。如图4-2b所示，由超快速冷却工艺获得的热轧板带钢，组织仍然主要由铁素体和珠光体构成，但铁素体晶粒得到显著的细化，晶粒尺寸约为3μm。由Hall-Petch关系可知，当晶粒尺寸由6μm减小至3μm时，强度可升高约90MPa。

可见，采用 UFC-F 工艺技术，可进一步挖掘普通 C-Mn 钢的性能潜力，通过细晶强化作用，实现钢板强度级别的升级或降低钢中的合金用量，提高资源利用率。

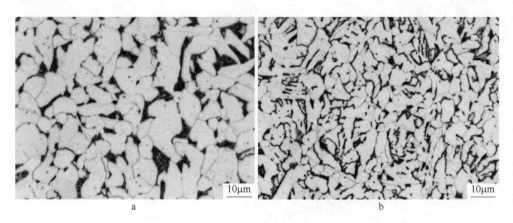

图 4-2　层流冷却与超快速冷却工艺条件下减量化低 Mn 普碳热轧板带钢显微组织

a—层流冷却工艺；b—超快速冷却工艺

随着新一代 TMCP 工业化生产技术研究的深入，采用 UFC-F 工艺生产的资源节约型 Q345 钢板已实现大批量稳定供货。UFC-F 工艺条件下典型规格的减量化 Q345 热轧板带钢产品的显微组织如图 4-3 所示。与常规层流冷却工艺相比，UFC-F 工艺条件下生产的 4.0～22.0mm 系列厚度规格的 Q345 热轧板带钢，Mn 含量可降低 20%～50%，吨钢成本可降低 20～80 元。基于 UFB-F 工艺开发的资源节约型普碳低合金热轧带钢产品，低的碳当量及合金用量不但提高了钢材韧性和焊接性能，还可减轻带状组织程度，减小纵横向性能差异。

4.2　UFC-B 工艺的典型应用及工业化实践

4.2.1　基于超快速冷却工艺的管线钢合金减量化

高钢级管线钢中较为理想的显微组织为准多边形铁素体和针状铁素体，这样将赋予管线钢良好的强韧性。在常规层流冷却工艺下，为了提高奥氏体的淬透性、抑制多边形铁素体的转变，促进准多边形铁素体或针状铁素体的

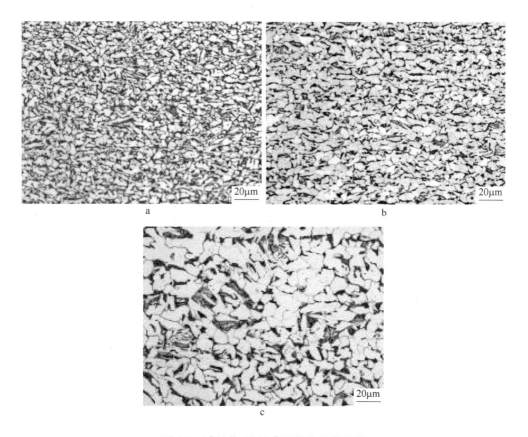

图 4-3　减量化 Q345 典型规格显微组织

a—8mm 厚度规格；b—12mm 厚度规格；c—22mm 厚度规格

相变，管线钢中添加较高含量的 Cr、Mo 等元素。固溶的 Cr 可以对相界面产生明显的溶质拖曳作用，显著增强过冷奥氏体的稳定性。如图 4-4 所示，Cr 含量增加可显著抑制铁素体相变。而贵重合金元素 Mo 对铁素体相变的抑制作用更为显著（如图 4-5 所示）。因此，在高级别管线钢中，常添加较高含量的 Mo 元素以抑制高温铁素体的相变、促进中温针状铁素体或贝氏体相变。然而，高含量的 Mo 将显著提高合金成本，同时损害钢的焊接性能。

超快速冷却技术可将冷却速度提高到原有层流冷却的 2～5 倍。由 CCT 曲线可知，针对管线钢而言，在不添加或添加少量的 Mo（≤0.20%）情况下，热轧后的钢板可采用超快速冷却系统直接冷却至针状铁素体或贝氏体相变区（即 UFC-B 工艺），避开粗大等轴的铁素体相变，获得细小均匀的低碳贝氏体铁素体或针状铁素体组织。因此，可以大幅减少高钢级管线钢中淬透性元素

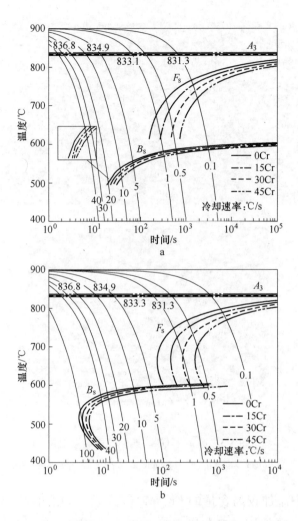

图 4-4　不同 Cr 含量对 CCT 和 TTT 曲线的影响

a—CCT；b—TTT

Mo、Cr、Cu、Ni 及微合金元素 Nb 的用量，合金成本显著降低。

　　UFC-B 工艺下，典型规格的 X70/X80 的金相组织如图 4-6～图 4-9 所示，其组织为典型的针状铁素体（AF）+准多边形铁素体（QF）+少量的粒状贝氏体（GB）组织。即使是超厚规格的 25.4mm 管线钢，厚度方向上的 1/4 处及 1/2 处的显微组织也较为一致，即厚度方向的组织均匀性较好，因而具有优异的强韧性。

　　工业实践表明，针对 X70/X80 管线钢，依据不同厚度规格，Mo、Cr、

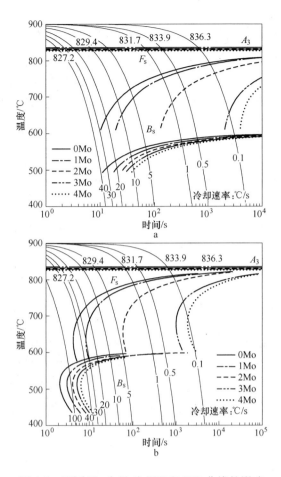

图 4-5　不同 Mo 含量对 CCT 和 TTT 曲线的影响

a—CCT；b—TTT

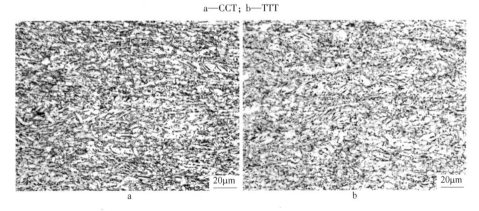

图 4-6　UFC-B 工艺下 17.5mm X70 管线钢的金相组织

a—1/4 位置（OM）；b—1/2 位置（OM）

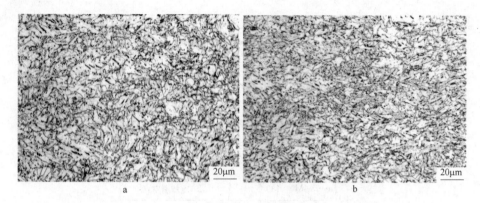

图 4-7 UFC-B 工艺下 25.4mm X70 管线钢的金相组织

a—1/4 位置（OM）；b—1/2 位置（OM）

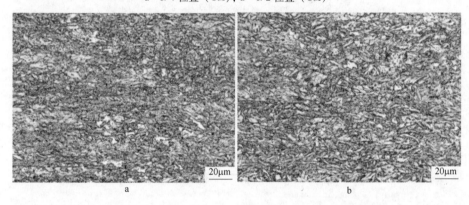

图 4-8 UFC-B 工艺下 18mm X80 管线钢的金相组织

a—1/4 位置（OM）；b—1/2 位置（OM）

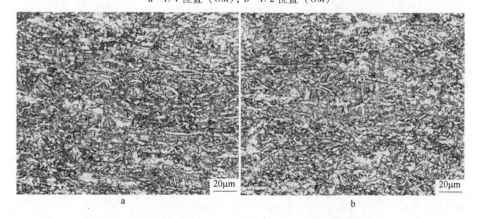

图 4-9 UFC-B 工艺下 22mm X80 管线钢的金相组织

a—1/4 位置（OM）；b—1/2 位置（OM）

Cu、Ni 和 Nb 等元素可降低 30% 以上，吨钢成本降低 150 ~ 300 元，实现了显著的降本增效。基于超快速冷却系统高效冷却能力、高均匀冷却性能及高精度温度控制，采用 UFC-B 工艺生产的高钢级管线钢，不但具有低的成本、优异且稳定的综合力学性能，而且板形明显优于常规 TMCP 工艺生产的管线钢。

4.2.2 超快速冷却工艺对超厚规格管线钢低温韧性的改善效果

管线钢主要用于输送天然气、石油等，不仅要求高的强度，还需良好的低温韧性。一般而言，随着强度的提高及产品厚度的增加，管线钢的韧性显著下降。因此，低温韧性成为厚规格/超厚规格高级别管线钢稳定开发生产的瓶颈。在常规热连轧生产线上生产厚规格/超厚规格管线钢时，常规层流冷却系统冷却能力的不足更加凸显，导致钢板心部组织粗大或得不到针状铁素体组织，最终导致落锤性能不合等问题。迁钢 2160mm 热连轧生产线上的生产试验及工业化批量生产表明，采用 UFC-B 工艺技术，显著改善管线钢的落锤性能，特别是厚规格管线钢，超快速冷却的工艺优势更为凸显。生产实践表明，采用 UFC-B 工艺，25.4mm 超厚度规格 X70 管线钢 DWTT 性能合格率及稳定性显著提高，对于特定成分的超厚规格管线钢可由原层冷条件下的 35% ~ 85% 提高到 80% ~ 100%。

与传统层流冷却相比，超快速冷却工艺为带钢贝氏体相变提供了更多的形核位置及相变驱动力，较大的冷却速度抑制了 C 原子的扩散及微合金碳氮化物的长大。因此，超快速冷却下所形成的针状铁素体、贝氏体铁素体及 M/A 岛尺寸更为细化，由此引起以针状铁素体及贝氏体铁素体晶界为代表的大角度晶界含量及所占百分比增加。值得指出的是，对于 25.4mm 超厚规格 X70 管线钢而言，由于带钢厚度较大，带钢表面冷却速度与带钢心部冷却速度存在一定冷速梯度。传统层流冷却下，带钢冷却能力不足，这种冷却能力不足往往体现在厚规格带钢心部组织演变上。在层流冷却下，冷却速度不足对贝氏体铁素体尺寸及其所占百分比产生影响，导致带钢心部组织不理想，最终致使管线钢 DWTT 性能不稳定甚至不合格。超快速冷却工艺的应用，提高了厚规格带钢表面冷却速度同时，在厚度方向形成大的温度梯度，从而提高了厚规格带钢心部冷却速度。在带钢表面至心部的冷却速度梯度范围内，组织均以针状铁素体以及贝氏体铁素体为主，而带钢心部冷却速率的提高，能够细化心部显微组织，使心部组织晶界数量增大、相应的大角度晶界数量增多。细小的针状铁素体相互交织的特点，使裂纹扩展至晶界处发生偏转或终止，消耗裂纹扩展能量，对裂纹扩展起到阻碍作用，使管线钢表现出优良DWTT性能。因此，超快速冷却工艺下，由于带钢冷却速率的提高，尤其是带钢心部冷速提高，带钢全厚度横截面上显微组织发生细化、大角度晶界数量及所占百分比提高，改善了管线钢DWTT性能。

25.4mm超厚规格X70管线钢显微组织表征结果可知，在传统层流冷却与超快速冷却两种工艺下，带钢显微组织为典型的X70管线钢组织，由针状铁素体、贝氏体铁素体及硬相M/A岛组成，三种组织组成物在管线钢中的各自所占百分比、尺寸大小及形貌特征随冷却工艺不同有所差别。图4-10的OM表明，在超快速冷却工艺下，沿着带钢横截面积分布的粗大贝氏体铁素体百分比减小，针状铁素体细化，等轴状细小铁素体晶粒增多。图4-11的SEM表明，超快速冷却工艺下硬相M/A岛组织主要呈颗粒状，这些粒状M/A岛组织弥散分布于铁素体晶界处及晶粒内部。图4-12、图4-13的EBSD表明，超快速冷却工艺下，管线钢厚度1/4处及带钢心部组织中组织细化，晶粒间大角度晶界百分比增多，这种现象在带钢心部组织表现更为明显。图4-14的TEM检测结果表明，超快速冷却工艺下，组织中α铁素体板条细小。

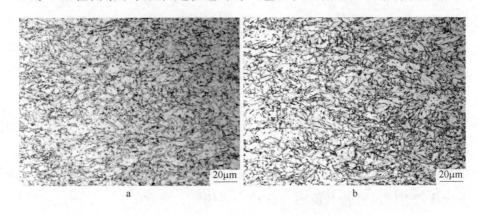

图 4-10　25.4mm X70 厚度方向心部显微组织

a—层流冷却；b—超快速冷却

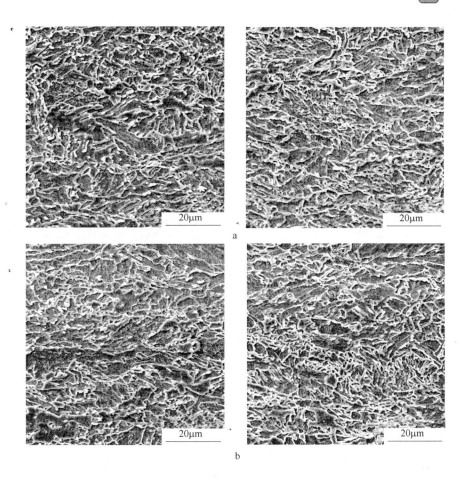

图 4-11 25.4mm X70 横截面形貌照片（SEM）

a—心部（左-层冷，右-超快冷）；b—厚度 3/4 处（左-层冷，右-超快冷）

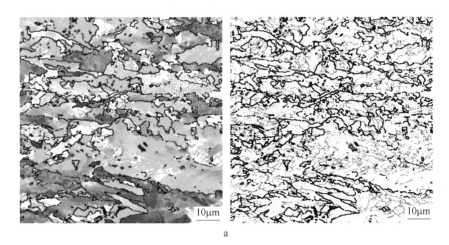

a

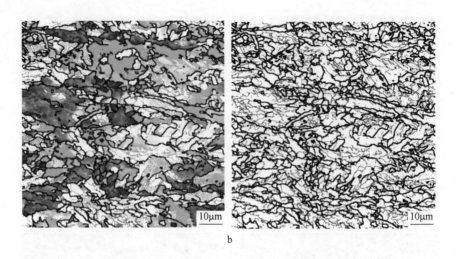

图 4-12 25.4mm X70 厚度 1/2 处 EBSD

a—层流冷却；b—超快速冷却

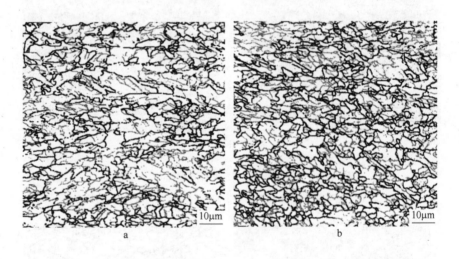

图 4-13 25.4mm X70 厚度 1/4 处 EBSD

a—层流冷却；b—超快速冷却

25.4mm 超厚规格 X70 管线钢表现出的良好显微组织特征及力学性能与带钢的控制轧制与控制冷却工艺密切相关。在相同的控制轧制工艺下，冷却速率、超快速冷却出口温度、卷取温度等冷却参数对带钢微观组织及亚结构的调控起到决定性作用。经终轧后的变形奥氏体组织，在超快速冷却工艺下，变形带、孪晶带、位错等晶体缺陷会"冻结"至贝氏体相变温度区间，产生

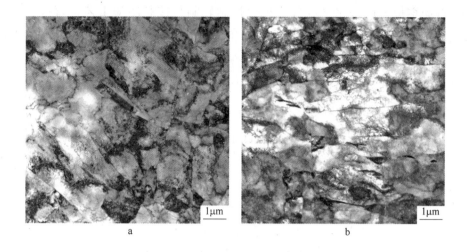

图 4-14　25.4mm X70 形貌照片（TEM）

a—层流冷却；b—超快速冷却

较大过冷度。"冻结"的缺陷为贝氏体相变提供了足够多的形核位置，超快速冷却产生的较大过冷度为贝氏体相变提供了足够的相变驱动力，针状铁素体会以晶粒内部的第二相为核心而发生相变。与此同时，晶粒内局部区域 C 原子发生短程扩散，使未转变的奥氏体因富碳而稳定化，富碳奥氏体在随后的冷却过程中部分发生马氏体相变而形成 M/A 岛组织，M/A 岛以细小粒状分布于贝氏体铁素体晶界处。这种以细小针状铁素体为主，弥散分布着细小 M/A 岛的理想组织，在提高管线钢强度的同时显著改善了其低温韧性。

4.3　后置式 UFC 工艺的典型应用及工业化实践

双相钢（Dual Phase Steel）是由铁素体（F）和马氏体（M）构成的先进高强钢（AHSS）。双相钢的组织特征决定了其具有优异的力学性能：良好强塑性、低屈强比、高初始加工硬化率、良好烘烤硬化性能及抗疲劳性能等，因而满足了汽车多种部件的应用条件，尤其是其所具有的高强度可使汽车重量减轻，从而兼顾了汽车的安全性与节能性。

4.3.1　经济型热轧双相钢组织调控机理

（1）经济型热轧双相钢连续冷却相变行为。热轧双相钢开发的基本思想是在普通钢板中调整化学成分并配合控制轧制与控制冷却工艺，直接热轧成双相钢。图 4-15 为经济型 C-Mn 实验钢的动态连续冷却转变曲线（CCT 曲线）。由图 4-15 的 CCT 曲线可知，实验钢存在三个相变区，且三个相变区在 CCT 曲线图中所占的区域由大到小依次为铁素体转变区、贝氏体转变区、珠光体转变区。当冷速由 0.5℃/s 增加至 40℃/s 时，铁素体开始转变温度由约 810℃降低至约 735℃。连续冷却条件下，实验钢并未获得理想的双相组织，如图 4-16 所示。

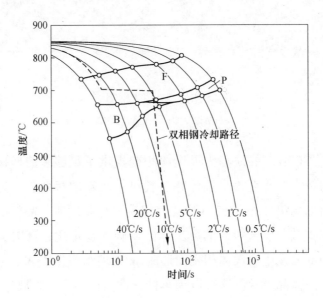

图 4-15 实验钢的动态 CCT 曲线

（2）经济型热轧双相钢分段冷却相变行为。连续冷却实验表明，对于经济型 C-Mn 系双相钢而言，采用连续冷却的方式难以获得理想的 F-M 双相组织。依据双相钢的组织特征及性能要求，采用直接热轧法生产热轧双相钢需要满足以下条件：

1）热轧后快速形成足够体积分数的铁素体基体；

2）在马氏体相变前避免珠光体及贝氏体的转变；

3）在卷取前或卷取后完成马氏体相变。

因此，在实际的热轧生产中，需在有限的冷却线上依次完成奥氏体向铁素体、奥氏体向马氏体的相变，同时避免奥氏体向珠光体或贝氏体的相变。

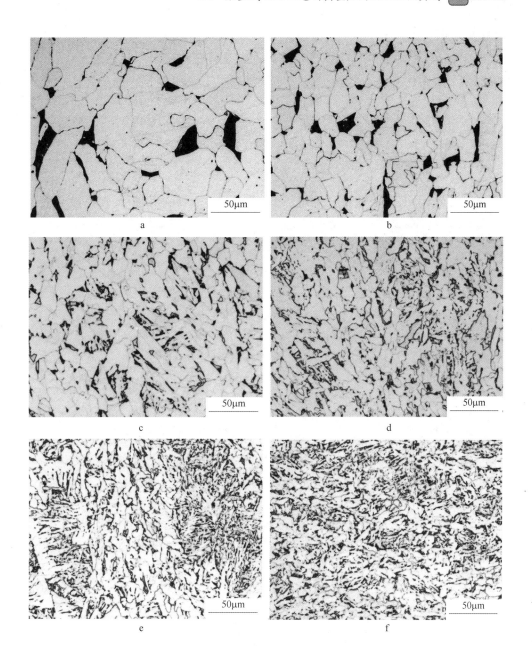

图 4-16　C-Mn-Cr 钢变形奥氏体在不同冷却速率下的显微组织

a—0.5℃/s；b—2℃/s；c—5℃/s；d—10℃/s；e—20℃/s；f—40℃/s

为了在较短时间内获得大量细小均匀的铁素体，热轧后可直接加速冷至铁素体相变区后缓冷或空冷，然后再快速冷却至 M_s 以下，实现马氏体相变，冷却路径如图4-15所示。

对于分段冷却模式，缓冷或空冷前的温度将直接决定双相钢的基体组织，如图4-17所示。当前段冷却温度为740℃时，铁素体相变驱动力较小，仅能

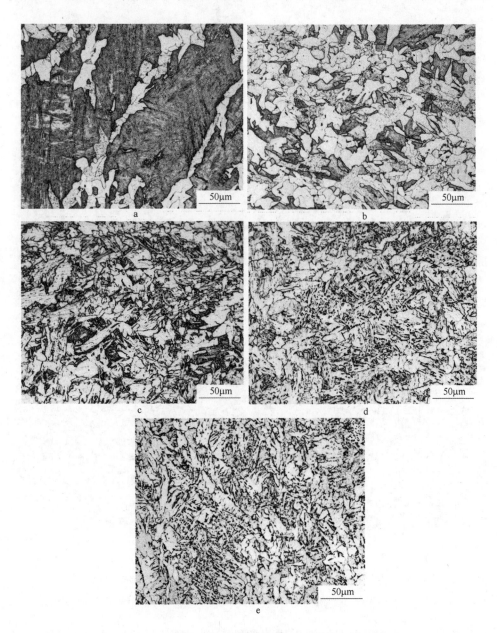

图4-17 C-Mn-Cr钢不同中间温度下试样的显微组织

a—740℃；b—700℃；c—660℃；d—620℃；e—520℃

在原奥氏体晶界处形核长大，铁素体体积百分含量仅为 15% 左右，因此以马氏体为基体。当温度降至 700～660℃时，过冷度的增加加速了铁素体的形核、促进铁素体转变，获得铁素体基体。当温度低于 620℃时，基体主要由多边形铁素体、准多边形铁素体和针状铁素体构成，而 580℃时，出现大量贝氏体基体。图 4-18a 为多边形铁素体百分含量与中间温度的变化关系。

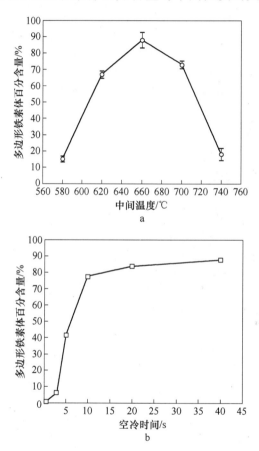

图 4-18　多边形铁素体百分含量变化关系

a—中间温度；b—空冷时间

经济型 C-Mn-Cr 钢 700℃时不同空冷时间下的显微组织见图 4-19。试样冷却至 700℃后直接淬火的室温组织并未观察到铁素体而是单相的马氏体，保温 3s 后淬火组织中含有 6% 的铁素体，说明试样冷却至 A_{r3} 温度以下仍需经过一段孕育期后才可形核长大。当空冷时间延长至 40s 时，铁素体含量增加至

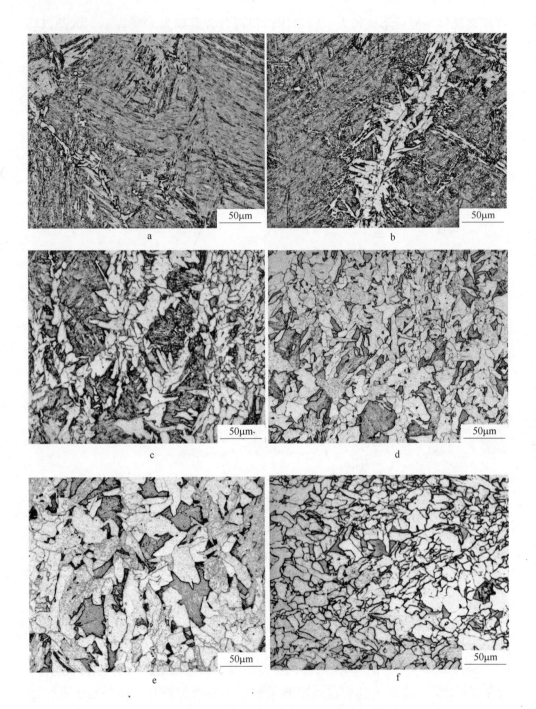

图 4-19 C-Mn-Cr 钢不同空冷时间下试样的显微组织

a—0s；b—3s；c—5s；d—10s；e—20s；f—40s

92% 左右，马氏体的分布形态由原来的大块群岛状演变为弥散孤岛状。

图 4-18b 为铁素体百分含量随时间的变化关系。由曲线可知，开始时刻铁素体转变比较缓慢；当相变积累到一定时间，转变速率急剧增大，直到铁素体含量达到一定值时转变又趋于缓慢，即铁素体转变量与时间的关系曲线呈 "S" 型，这与依据 Johnson-Mehl 方程绘制的动力学曲线一致。因此，为了保证获得足够量的多边形铁素体基体及稳定的性能，热轧双相钢在生产冷却过程中除了需控制合理的中间温度外，空冷时间应予保证。

（3）热轧双相钢生产中存在的问题及后置超快速冷却的应用。目前开发生产及应用的热轧双相钢主要以 3～6mm 厚度规格的 DP540～DP600 为主，同时存在以下主要问题：

1）因受轧线冷却系统设备能力以及冷却段设备长度的限制，卷取温度难以达到 M_s 以下或冷却路径进入贝氏体相变区。因此，为了获得 F + M 的双相组织，需添加 Mo 或高含量的 Cr 等合金元素以抑制珠光体、贝氏体的形成降低获得马氏体组织所需的临界冷速。然而，采用较高的合金成分设计，不但提高了成本而且还恶化了钢的焊接性。

2）产线能批量生产应用的热轧双相钢产品以 ≤6mm 为主，生产厚规格热轧双相钢时，由于生产线冷却强度有限，难以避免珠光体、贝氏体等非马氏体组织的形成，即难以经济地获得铁素体 + 马氏体的双相组织的热轧双相钢。

为了解决上述问题，满足汽车企业对于热轧双相钢强度及厚度规格的需求，课题组从热轧双相钢的组织调控机理出发，开发了具有国际领先水平的热轧板带钢新一代后置式超快速冷却系统。后置式超快速冷却的布置如图 4-20 所示，超快速冷却系统布置在卷取机之前、常规层流冷却系统之后。

4.3.2　基于后置 UFC 工艺的经济型热轧双相钢的开发

双相钢中马氏体相变需满足两个条件：其一，冷却速率大于马氏体相变冷却速率；其二，相变温度低于马氏体相变点 M_s。对低碳含量的热轧双相钢而言，为弥补常规冷却系统冷却速率的不足，常需提高 Si、Mn、Cr 含量甚至

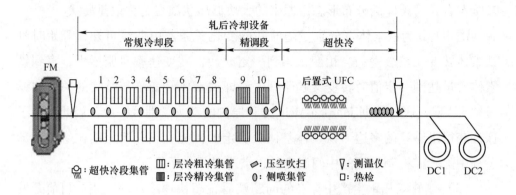

图 4-20 后置式超快速冷却系统配置

加入一定量的 Mo，以降低马氏体相变临界冷速。而对于新一代后置式超快速冷却系统生产线而言，F-M 双相钢马氏体相变强化不是依赖提高合金元素使马氏体转变临界冷速降低的方式实现，而是依托超快速冷却系统的高冷却速率及强冷却能力，在保证钢板良好使用性能的同时，实现成分的减量化。

热轧双相钢通过马氏体的相变强化，经济有效的提高钢的强度，与同级别的 F-P 型热轧产品相比，具有成本低、强度高、易于成型等优点。依托层流冷却-后置超快速冷却的组合冷却方式，简单 C-Mn 成分体系的钢种即可实现马氏体相变。通过合理的工艺设计，获得软硬比例合理的 F-M 双相组织，在普通 C-Mn 钢中实现相变强化，从而获得强韧性匹配良好的热轧双相钢产品。

图 4-21 为在配备有后置超快速冷却系统的热连轧生产线上生产的 C-Mn 钢产品显微组织。如图 4-21a 所示，超快速冷却系统不投入使用条件下获得的热轧产品，组织为铁素体 + 珠光体，其抗拉强度及伸长率分别为 455 ~ 475MPa 及 31% ~ 39%。图 4-21b 为超快速冷却条件下生产的 F-M 型 C-Mn 双相钢的显微组织。可见，组织为铁素体和马氏体的双相钢组织，其中等轴状的铁素体为基体，赋予双相钢良好的延伸性能，体积分数为 10% ~ 20% 的马氏体岛分布于铁素体晶粒间，通过相变强化赋予双相钢高的抗拉强度。如图 4-22 所示，与常规的 F-P 热轧产品相比，采用层流冷却-后置超快速冷却工艺获得的热轧双相钢，抗拉强度提高了 130 ~ 170MPa，且仍然保持良好的延伸性能（伸长率 >28%），即获得良好匹配的强韧性。热轧双相钢在通过相变强化提高强度的同时，屈强比大幅降低，由 0.8 ~ 0.9 降低至约 0.60。低的屈

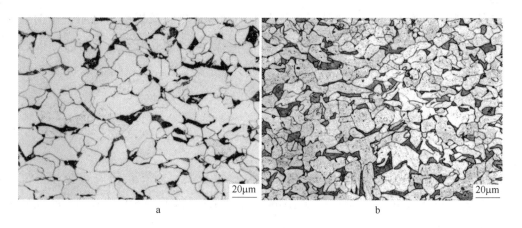

图 4-21 生产 C-Mn 钢显微组织

a—F-P 型；b—F-M 型

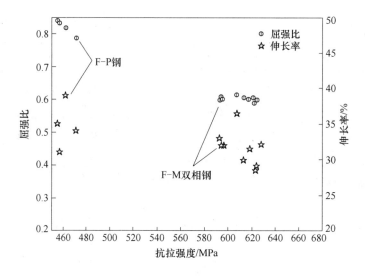

图 4-22 F-M 型及 F-P 型 C-Mn 钢性能对比

强比有利于零件的成型，减少产品在成型过程中对模具的冲击及磨损。

2013 年 8 月，东北大学 RAL 与包钢合作，对 CSP 短流程生产线原超快速冷却简易试验装置进行升级改造，全新装备东北大学 RAL 开发的成熟完善的后置式超快速冷却系统。工艺试验及工业化批量生产实践表明，升级后的超快速冷却设备及系统具备超强冷却能力，冷却后带钢板形良好，且过程工艺参数控制精度高，完全满足热轧双相钢的工业化生产需求。基于层流冷却-后置超快速冷却工艺，在包钢 CSP 短流程生产线上陆续开发出经济型 DP 540 FM

热轧双相钢，DP 590 FM 热轧双相钢及 DP 600 FB 热轧双相钢。目前，包钢已经完成厚度规格覆盖 3.0~11.0mm、强度覆盖 540~700MPa 的双相类钢板的开发与生产，逐步形成了产品规格和强度等级系列化、特色化的经济型热轧双相钢工艺及产品，并成为国内双相钢产品最主要供货商。

4.3.3 后置式超快速冷却的工业化应用

源于高效的冷却能力以及高精度的高稳定控制，后置式超快速冷却系统在双相钢的工业化生产中具有突出的优势。采用经济、简单的 C-Mn 系成分体系，即可生产出厚度为 3.0~11.0mm 的 F-M 型热轧双相钢产品，通过工艺控制，软硬两相比例稳定合理。图 4-23、图 4-24 为采用超快速冷却条件下金

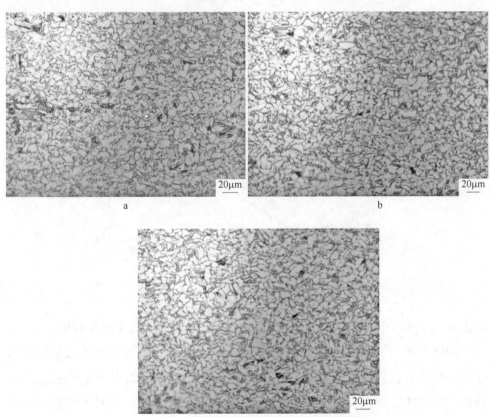

图 4-23　超快速冷却条件下 F-M 型 C-Mn 钢显微组织（一）

a—1/2 厚度；b—1/4 厚度；c—表面附近

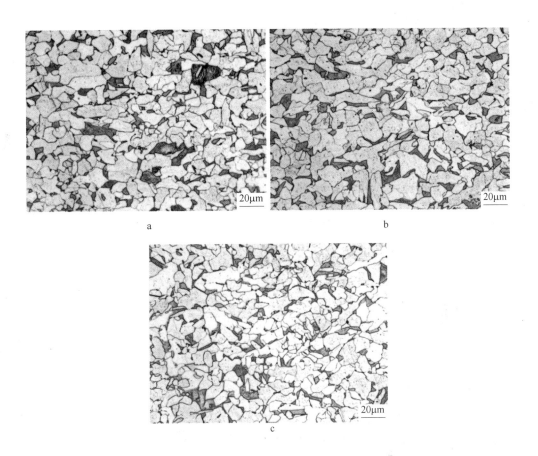

图 4-24　超快速冷却条件下 F-M 型 C-Mn 钢显微组织（二）

a—1/2 厚度；b—1/4 厚度；c—表面附近

相显微组织。对于 6.0～11.0mm 厚的钢板，全厚度方向上的组织均为铁素体＋马氏体的双相组织。多边形铁素体为基体，保证了热轧双相钢具有良好的塑性。细小的马氏体岛分布于多边形铁素体晶粒间，使热轧双相钢具有较高的抗拉强度，且保持较低的屈服强度（即具有低的屈强比）。所生产的热轧双相钢，合理的软硬相的配合使其具有良好匹配的强韧性，满足汽车复杂零件对成型性能及强度的要求。

　　图 4-25 为采用后置式超快速冷却工艺生产的经济型 C-Mn 系热轧双相钢产品的性能分布情况。可见，由后置式超快速冷却工艺生产出的经济型热轧双相钢，具有良好的强韧性匹配，低的屈强比，优异的冷弯性能，可满足 180°冷弯要求（图 4-26）。基于超快速冷却系统宽度方向冷却的均匀性及通卷

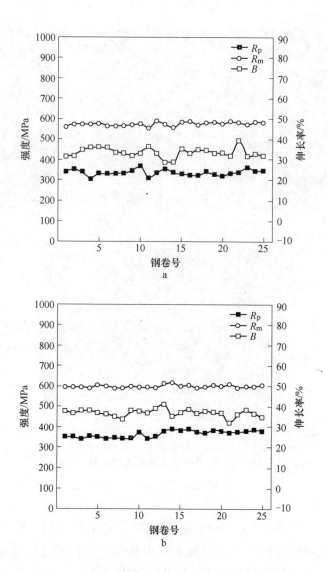

图4-25 同批次批量生产的热轧双相钢力学性能

a—DP540；b—DP590

温度的高精度控制，所生产的热轧双相钢产品，板宽方向及钢卷长度方向的性能稳定性良好，且批次异板间性能波动小，实现了同卷钢板窄的性能波动控制，如图4-25、表4-2及表4-3所示。目前，采用后置式超快速冷却工艺生产的系列热轧双相钢已经向国内多家汽车制造企业供货，产品主要用于汽车结构件、车轮等的制造。

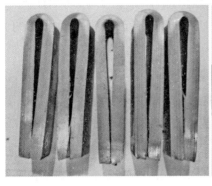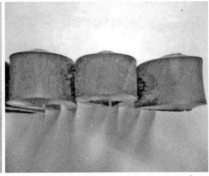

图 4-26 11.0mm DP590 180°冷弯试样

表 4-2 双相钢产品板卷板宽方向性能均匀性

位 置	屈服强度/MPa	抗拉强度/MPa	屈强比	伸长率/%
板宽边部	377	578	0.65	35.0
板宽 1/4	383	577	0.66	33.5
板宽 1/2	373	588	0.63	33.5
板宽 3/4	384	588	0.66	35.5
板宽边部	380	591	0.64	33.5

表 4-3 双相钢产品板卷长度方向性能均匀性

位 置	屈服强度/MPa	抗拉强度/MPa	屈强比	伸长率/%
钢卷尾部	368	584	0.63	30
钢卷心部	354	569	0.62	35.5
钢卷头部	357	570	0.63	36

4.4 UFC工艺在析出型热轧双相钢中的应用展望

随着汽车安全性能及节能性能需求的日益提高，汽车的设计及制造企业对钢板强度的要求也逐步提高。为了保持良好的塑性，双相钢中的马氏体的含量不宜大于 30%，因此，仅依靠马氏体相变强化方式难以开发出 700MPa以上级别的热轧双相钢。另外，传统双相钢以组织强化为主要强化方式，通过组织强化虽然可提高强度降低屈强比，但由于软相铁素体与硬相马氏体的强度差较大，两相塑性应变不相容性加大，导致均匀变形能力降低而不利于汽车零部件的成型，一定程度上限制了双相钢的应用。提高铁素体相的强度，可减小铁素体和马氏体的塑性应变不相容性，抑制在两相界面萌生的微孔和空洞聚集，即推迟颈缩发生，提高均匀真应变。

高强钢主要通过添加微合金元素 Nb、V、Ti，在铁素体中析出细小的微合金碳氮化物，即析出强化的方式提高强度。相对 Nb、V 而言，Ti 具有资源丰富、成本低廉等优点，是一种极具发展潜力的微合金元素。不少研究者已对 Ti 的析出强化机理进行了研究，并开发出 780MPa 级别的高强钢，取得了良好的效果。以析出强化为主的高强钢，抗拉强度增量正比于第二相颗粒尺寸的 1/2 次方，当第二相的尺寸很小时，提高屈服强度的作用比提高抗拉强度的作用效果更明显，这必将导致屈强比的升高，不利于汽车结构件的成型。

借鉴传统双相钢及微合金高强钢的强化原理，在传统的热轧双相钢成分基础上，添加适量的 Ti，综合应用析出强化及组织强化的强韧化方式，不但成本低，而且还具有以下性能优势：

（1）在铁素体中析出微合金碳氮化物，强化铁素体基体，可在提高热轧双相钢强度的同时减小铁素体及马氏体的强度差，抑制双相钢变形过程中的局部变形，提高均匀伸长率。

（2）铁素体＋马氏体的双相组织，具有低的屈强比，同时还可保持较高的伸长率。

（3）具有纳米尺寸级别析出相的铁素体基体＋弥散分布马氏体岛的双相组织可提高扩孔率。

（4）经析出强化后的铁素体相与马氏体相共存，可阻碍疲劳裂纹的扩展，改善疲劳性能。

为获得具有细小纳米级析出相的铁素体基体及弥散的硬相马氏体的热轧双相组织，可采用前置超快速冷却＋后置超快速冷却的冷却模式（UFC-UFC），充分发挥前置式及后置式超快速冷却对析出相及马氏体相的控制调控优势。UFC-UFC 工艺生产铁素体基体析出强化型热轧双相钢的控制原理如图 4-27 所示。析出强化型热轧双相钢成分设计时，主要是在传统热轧双相钢的成分基础上添加一定量的 Ti，同时还应调整 Mn、Si、Cr 等元素的含量，使得铁素体相变的鼻尖温度与 TiC 析出的鼻尖温度相匹配。钢板热轧后采用前置式超快速冷却快速冷却至铁素体相变及 TiC 析出的鼻尖温度附近，然后再缓冷或保温，奥氏体相变为铁素体，同时 TiC 在铁素体相变过程中析出。前置式超快速冷却除了起细化晶粒作用之外，还具有抑制 TiC 在奥氏体中析出，使纳米尺寸的 TiC 能通过相间析出或过饱和析出机制在铁素体基体中大量析出，起析出强化作用。当获得足够量的析出强化型铁素体基体后，再采用后置式超快速冷却快冷至 M_s 以下温度，未转变奥氏体转变为马氏体，最终获得具有纳米级 TiC 析出相的铁素体基体 + 弥散分布的马氏体的热轧双相钢。由于 TiC 的析出消耗大量的固溶 C，因而未转变奥氏体的淬透性较无析出相时低。因此，后置式超快速冷却对于析出型热轧双相钢马氏体的获得就尤为关键。

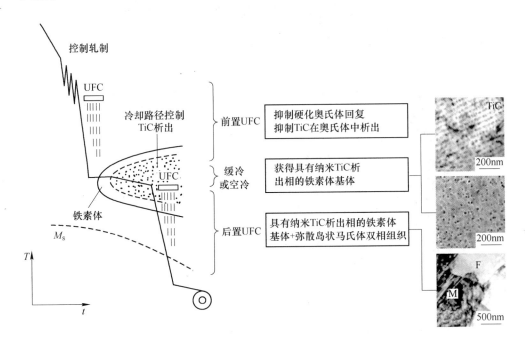

图 4-27　UFC-UFC 工艺下析出型热轧双相钢组织调控机理

图 4-28 为中试热轧析出型热轧 DP780 双相钢的显微组织，钢板组织均为铁素体 + 马氏体的双相组织，且铁素体呈多边形状，岛状马氏体分布于铁素体晶粒间（图 4-28a）。由微观电子透射形貌可知，获得的马氏体以板条马氏体为主（图 4-28b），铁素体晶粒内均存在大量细小的 TiC 析出颗粒，尺寸约

为 1~6nm。铁素体基体中的 TiC 析出呈现两种分布类型:一种呈弥散状分布
(图 4-28c),该种析出是相变后在铁素体基体上形核的过饱和析出;另一种呈
片层状排列分布(图 4-28d),该种析出是在奥氏体向铁素体相变过程中形核
而产生的相间析出。

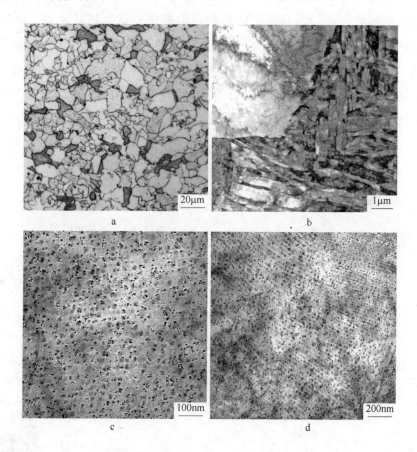

图 4-28 基于 UFC 工艺的析出型热轧双相钢显微组织

a—光学显微组织;b—马氏体形貌;c—铁素体过饱和析出;d—铁素体相间析出

4.5 UFC-M 工艺在 Q&P 钢中的应用展望

Q&P(Quenching & Partition)是 2003 年美国 Speer 教授提出的一种研发
先进高强度钢的新工艺。其基本原理为将实验钢完全奥氏体化或者部分奥氏
体化后保温一段时间,然后将其淬火至马氏体开始转变温度 M_s 和结束转变温

度 M_f 之间的某一温度 QT 以获得一定比例的马氏体和残余奥氏体，随后在此温度（一步法）或高于此温度（两步法）进行等温配分处理，使得马氏体中的碳扩散至奥氏体中，部分奥氏体能稳定保留至室温，最终获得马氏体、残余奥氏体和少量铁素体的混合组织。Q&P 工艺条件下得到的实验钢具有良好的综合力学性能，其中马氏体提供高强度而残余奥氏体发生 TRIP 效应提供良好的塑性。目前，国内外学者基于此工艺主要研究了淬火温度、配分温度、配分时间以及成分设计对 Q&P 钢组织性能演变规律的影响。

传统工艺（如图 4-29a 所示）采用的等温配分方式、二步法配分的急速升温过程以及离线热处理等将会增加大量的能耗以及生产成本。随着 UFC 技术的发展，其快速冷却能力能将钢板在短时间内从单相奥氏体区冷却至马氏

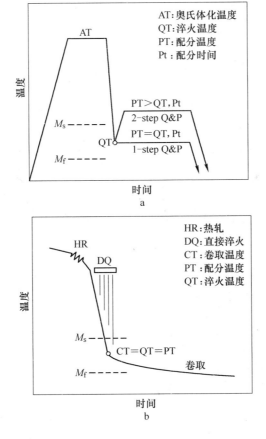

图 4-29 Q&P 研究工艺

a—传统 Q&P 工艺；b—结合 UFC 后的热轧 DQ&P 在线工艺

体温度期间，这使得将 Q&P 理念引入热轧生产线成为了可能。利用以 UFC 为核心的 TMCP 技术，实现对热轧板带钢的在线处理，其工艺路径如图 4-29b 所示。钢板经过两阶段控制轧制后，直接在线淬火（DQ），保留硬化奥氏体状态，随后利用余热进行卷取配分，即（CT = QT = PT），在卷取过程中实现碳从马氏体迁移至残余奥氏体的过程。结合 UFC-M 后的热轧在线工艺路径优势明显：

（1）采用 UFC-M 工艺，减少了淬透性元素使用，实现了合金的减量化。即可利用传统的 C、Si、Mn 成分钢作为原料，降低了冶炼成本。

（2）采用 UFC-M 工艺，能引入轧制变形且保留高温硬化奥氏体状态，能有效地减小室温晶粒尺寸，使得细晶强化效果明显，提高了实验钢的力学性能。

（3）采用 UFC-M 工艺，在热轧板带钢生产线上即可实现在线 DQ&P，符合工艺的减量化理念，有效地降低了能耗。

（4）采用 UFC-M 工艺，配合卷取配分方式进行 Q&P 符合热轧板带生产实际，减少设备占用率，利用余热进行配分节约能耗，适合工业化生产。

如图 4-30 所示为传统 Q&P 钢和基于 UFC-M 工艺后的 DQ&P 钢组织形貌对比图，从图中可以看出 Q&P 钢组织由马氏体、残余奥氏体以及少量铁素体组成。此外，在扫描视野下能观察到传统 Q&P 工艺条件下，组织中存在较多

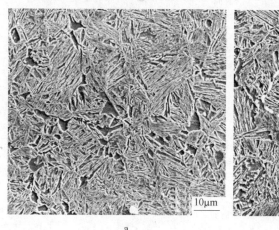
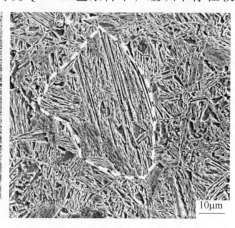

图 4-30　基于 Q&P 工艺理念下实验钢显微组织形貌

a—采用 UFC 后的热轧 DQ&P 钢组织形貌（变形）；b—传统 Q&P 钢组织形貌（未变形）

粗大的晶粒（图 4-30 虚线框内所示），而经过变形后的 Q&P 组织中没有发现粗大相。观察图 4-31 能清晰地看出采用 UFC-M 技术后热轧 DQ&P 钢组织晶粒更加细小，有效地增加了晶界面积，大角度晶界数量显著提高，这将很大程度提高实验钢的强度、韧性。

采用 UFC-M 工艺后，C-Si-Mn 系热轧 DQ&P 实验钢对应组织为马氏体和

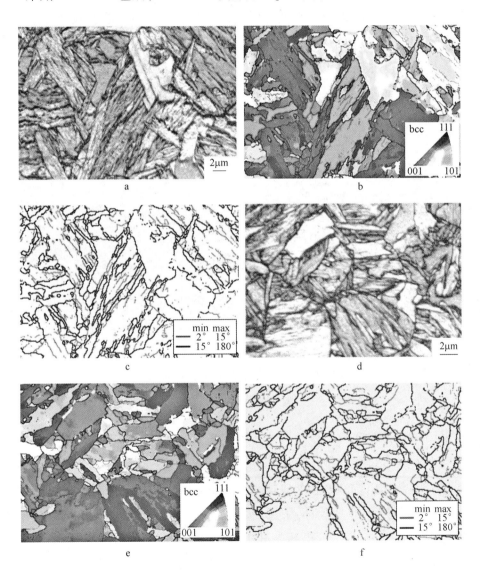

图 4-31　基于 Q&P 理念下实验钢的 EBSD 图像

a，b，c—采用 UFC 后的热轧 DQ&P 钢（变形）；d，e，f—传统 Q&P 钢（未变形）

残余奥氏体的实验钢强塑积约为 20～25GPa·%。当引入双相钢调控理念，通过工艺调整后得到如图 4-32 所示的组织。从图中可以看出在以马氏体为主的组织中分散着一定含量的细小铁素体，铁素体在组织中有以下作用：一是铁素体比较软，能有效地提高伸长率；二是铁素体排碳，因此在其产生过程中将会导致周围奥氏体局部富碳，从而促进一次碳分配过程；三是在马氏体相变过程中将会有体积膨胀产生局部应力，铁素体比较软能有效的缓解应力集中。因此，通过引入一定含量的细小铁素体后，伸长率显著提高，可高达30%，屈服强度在 500MPa 左右，抗拉强度在 900～1000MPa 之间，强塑积可接近 30GPa·%。

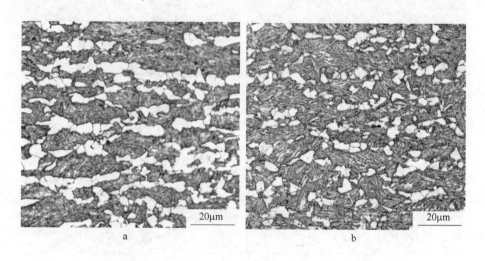

图 4-32 基于 UFC-M 工艺下的热轧 DQ&P 组织

a—淬火温度为 340℃的金相组织；b—淬火温度为 360℃的金相组织

采用超快冷的 UFC-M 工艺，有望实现综合力学性能更好的先进高强度钢（热轧 DQ&P 钢）的开发生产。其工艺的关键点在于充分利用轧制变形以及在线 UFC 超快速冷却技术，通过对晶粒尺寸的控制，以及组织含量比例的调控，即马氏体为主、尽可能多的残余奥氏体以及适量的形态细小的铁素体来进一步提高热轧 DQ&P 钢的强塑积。DQ&P 钢的工业化生产，有赖于轧后冷却设备的高强度冷却以及对轧制温度、卷取温度等参数的合理控制，而开发的超快冷装备条件为其工业化应用奠定了可行的设备基础。

4.6 本章小结

本章介绍了前置超快速冷却在典型热轧板带钢如普碳低合金钢、管线钢等产品以及后置超快速冷却在双相钢中的组织性能调控机理、减量化效果。依托前置式超快速冷却系统的高冷却能力及高精度温度控制，配合合理的工艺制度，实现了 4.0 ~ 22.0mm 系列厚度规格的普碳低合金钢（Q345）以及 14.0 ~ 25.4mm 系列厚度规格的高钢级 X70/X80 管线钢的低成本减量化开发及工业化应用，其中普碳钢合金成本降低 20 ~ 80 元/吨、管线钢合金成本降低 150 ~ 300 元/吨。基于后置超快速冷却的组织性能调控机理，开发出抗拉强度为 540 ~ 780MPa 级系列经济型热轧双相钢产品，实现了 6.0mm 规格 DP540 及 11.0mm 规格 DP590 优质经济型热轧双相钢的大批量工业化生产及应用。基于 UFC 工艺，研究和开发了新一代高性能析出型高强热轧双相钢及热轧 DQ&P 钢，超快速冷却工艺技术的发展将为该两种先进高强钢的工业化生产及应用提供工艺保障。

5 结 论

东北大学轧制技术及连轧自动化国家重点实验室自 2004 年起，10 年自主研发，历经实验、中试、工业化应用等过程，全面突破了热轧板带钢超快速冷却机理、成套技术装备、工艺高精度自动化控制系统以及基于超快速冷却强化机制的产品工艺技术等关键技术原理、工程技术应用难题，开发出具有国际领先水平的具有自主特色的大型热轧板带钢超快速冷却系统，并应用于资源节约型高性能热轧板带钢产品的工业化开发生产。

本研究基于国家"十二五"支撑计划"钢铁行业绿色制造关键技术集成应用示范"项目（项目编号：2012BAF04B00）课题"热轧板带钢新一代 TMCP 装备及工艺技术开发与应用"（课题编号：2012BAF04B01），依托首钢迁钢 2160mm 热连轧生产线新增超快冷系统开发与研究项目和包钢CSP 超快冷系统升级改造项目，对超快速冷却装备技术、自动化控制技术及产品工艺技术进行了系统研究，旨在开发以超快速冷却为核心的热轧板带钢新一代 TMCP 工艺技术，实现以"资源节约、节能减排"为特征的绿色化轧制工艺过程，推动我国热轧板带钢生产工艺的技术进步。

本研究开发出的以超快速冷却为核心的热轧板带钢新一代 TMCP 工艺技术，实现了热轧板带钢超快冷工艺、装备技术的全面升级，进而实现了工艺、装备、产品的一体化技术创新，为我国资源节约型高性能热轧板带钢产品工业化开发生产及应用提供了保障。该项技术已推广应用至我国华菱涟钢、首钢迁钢、首钢京唐、包钢、鞍钢、沙钢、山钢日照精品基地等大型钢铁企业。工业化应用实践表明，新一代 TMCP 工艺技术实现了热轧板带钢系列典型产品的低成本高性能开发生产；同时，降本增效、提质增效，显著提升了企业产品的市场竞争力。

　　以超快速冷却为核心的热轧板带钢新一代 TMCP 工艺技术的开发成功，对突破制约我国钢铁产业升级的核心关键共性技术、推动钢铁产业从规模优势向技术优势转变将起到持续支撑作用，有助于推动我国钢铁工业的绿色化转型发展。

参 考 文 献

[1] Lucas A, Simon P, Bourdon G, Herman J C, Riche P, Neutjens J, Harlet P. Metallurgical Aspects of Ultra Fast Cooling in Front of the Down – Coiler[J]. Steel research international, 2004, 75(2): 139 ~ 146.

[2] Simon P, Riche P. Ultra Fast Cooling in the Hot Strip Mill[C]. METEC Congress 94. 2nd European Continuous Casting Conference. 6 th International Rolling Conference. 1994, 2: 179 ~ 183.

[3] Simon P, Fishbach J, Riche P. Ultra-Fast Cooling on the Run-out Table of the Hot Strip Mill [J]. Revue de Metallurgie: Cahiers d'Informations Techniques, 1996, 93(3): 409 ~ 415.

[4] Buzzichelli G, Anelli E. Present Status and Perspectives of European Research in the Field of Advanced Structural Steels[J]. ISIJ international, 2002, 42(12): 1354 ~ 1363.

[5] Gabriel Kolek, Michael Bössler, Andreas Zaum. Modernizations of the Beeckerwerth Hot Strip Mill for Manufacturing High Strength Grades with Specail Requiements[J]. AISTech 2012 Proceedings, 2012: 1517 ~ 1522.

[6] 王国栋. 2008. 以超快速冷却为核心的新一代 TMCP 技术[C]. 2008 年全国轧钢生产技术会议. 大连（中国）: 9.

[7] 王国栋. 新一代控制轧制和控制冷却技术与创新的热轧过程[J]. 东北大学学报（自然科学版），2009, 30(7): 913 ~ 922.

[8] 袁国. 热轧板带钢新一代 TMCP 装备及工艺技术[J]. 世界金属导报, 2012, 50: B04 ~ 05.

[9] 王国栋, 姚圣杰. 超快速冷却工艺及其工业化实践[J]. 鞍钢技术, 2009 (6): 1 ~ 5.

[10] 王国栋. 新一代 TMCP 技术[J]. 轧钢, 2012, 29(1): 1 ~ 8.

[11] 王国栋, 刘相华, 孙丽娟, 等. 包钢 1750mm CSP "超快速冷却" 系统及 590MPa 级 C-Mn 低成本热轧双相钢开发[J]. 钢铁, 2008, 43(3): 49 ~ 52.

[12] 利成宁, 袁国, 周晓光, 等. 汽车结构用热轧双相钢的生产现状及发展趋势[J]. 轧钢, 2012, 29(5): 38 ~ 42.

[13] Ilana B, Timokhina, Pereloma E V, Ringer S P, Zheng R K, Hodgson P D. Characterization of the Bake-hardening Behavior of Transformation Induced Plasticity and Dual-phase Steels Using Advanced Analytical Techniques[J]. ISIJ international, 2010, 50 (4): 574 ~ 582.

[14] 利成宁, 袁国, 周晓光, 等. 分段冷却模式下热轧双相钢的组织演变及力学性能[J]. 东北大学学报（自然科学版），2013, 34(6): 810 ~ 814.

[15] Wu Jin, Bi Dasen, Chu Liang, Zhang Jian, Li Yuntao. The microstructure and formability study on DP steel of lightweight automobile[J]. Materials Science Forum, 2012, 704 ~ 705: 1465 ~ 1472.

[16] Cosmo De M, Galantucci L M, Tricarico L. Design of process parameters for dual phase steel production with strip rolling using the finite-element method[J]. Journal of Materials Processing Technology, 1999, 92 ~ 93: 486 ~ 493.

RAL · NEU 研究报告

（截至 2015 年）

（2016 年待续）